Dr. HANS HORN
Dr. FRIEDRICH KÖGEL

Käfer

Merkmale, Vorkommen und Lebensweise

blv

Bibliografische Information Der Deutschen Bibliothek
Die Deutsche Bibliothek verzeichnet diese Publikation in der Deutschen Nationalbibliografie; detaillierte bibliografische Daten sind im Internet über http://dnb.ddb.de abrufbar.

2. durchgesehene Auflage, Neuausgabe

BLV Buchverlag GmbH & Co. KG
80797 München

Lektorat: Dr. Friedrich Kögel
Umschlagentwurf: Anja Masuch
Gedruckt auf chlorfrei gebleichtem Papier

Printed in Germany
ISBN 978-3-8354-0355-0

Bildnachweis

Bellmann: 27u, 31u, 39o, 41u, 59u
Daudt: 2/3, 9o, 19o, 19u, 43m, 51m, 51ur, 89ol, 89m
Hecker: 23u, 25o, 29mr, 29u, 33o, 35u, 45ml, 53m, 75u, 85u, 93u
H. Horn: 39u, 47ml, 49ul, 55u, 77u
W. Horn: 15m, 45o, 47o, 65o, 67or, 77o, 81o, 87u
Kögel/Eisenbeiss: 31or, 33u
König: 13o, 15o, 23o, 49m, 81u, 83u
Kretschmer: 9u, 25u, 27o, 37u, 47u, 53u, 55o, 61o, 71u
Labhardt: 8m, 11u, 93m
Marktanner: 13u, 37o, 67m, 93o
Pfletschinger: 1r, 11o, 14u, 17, 21o, 31ol, 41o, 43o, 45mr, 47mr, 63m, 63u, 69o, 69u, 73o, 91o
Pforr: 1l, 6, 11m, 14o, 14m, 21u, 43u, 51o, 51ul, 53or, 57u, 65u, 67ol, 79u, 87o, 89or, 89u, 91m, 91u
Tessenow: 10, 13m, 29o
Willner: 25m, 29ml, 35o, 41m, 45u, 49o, 49ur, 57o, 59o, 63o, 67u, 71o, 71ml, 71mr, 75o, 79o, 83o, 85o, 85m
Zepf: 53ol, 61u, 73u

Umschlagfotos: Willner
(vorn: Feld-Sandlaufkäfer, hinten: Scharlachroter Feuerkäfer)

Foto S. 1 l: Siebenpunkt
Foto S. 1 r: Zierlicher Prachtkäfer
Grafiken: Heide Janicěk, außer
S. 66, 90: Folke Kretzscher,
S. 92m: Marlene Gemke

Einführung

Letzten Sommer beim geselligen Beisammensein im Garten eines Bekannten: Plötzlich fliegt unter vernehmbarem Brummen ein »Riesen«-Insekt zwischen uns. Aus der Art des Fluges folgernd, dass es nur ein großer Käfer sein kann, schlage ich fast reflexartig danach, um es aus der Flugbahn zu werfen – eine zwar raue, aber meist erfolgreiche Methode. Der »Bruchpilot« ist schnell im Gras ausgemacht. Ein bunt schillernder, etwa 3 cm langer Käfer mit mehr als körperlangen Fühlern. Alle Anwesenden sind fasziniert von dem ungewöhnlichen Anblick des Moschusbocks – wie er schnell identifiziert ist. Die »Mutigeren« wollen ihn selbst auf die Hand nehmen, beobachten, und das raue Kratzen seiner Krallen auf ihrer Haut spüren.
Auch Ihnen möchten wir mit diesem Büchlein etwas von der Faszination der Käfer vermitteln. Natürlich können wir nur einen kleinen Teil der etwa 6500 Käferarten vorstellen, die bei uns in Mitteleuropa verbreitet sind. Aber wir hoffen, es gelingt uns, zu interessanten Erlebnissen mit Käfern beizutragen, wenn Sie das Buch zum Bestimmen Ihrer Entdeckungen benutzen, oder wenn sie einfach nur schmökern und beim Lesen über diese so vielseitigen Geschöpfe staunen.

Die gepanzerten Heerscharen

Bevor wir etwas ausführlicher über die Käfer berichten, möchten wir kurz auf deren Verwandtschaft eingehen. Daraus kann man viel über die Käfer selbst erfahren, insbesondere hilft es aber, zukünftig einen Käfer zweifelsfrei als solchen zu erkennen. Und das ist nun einmal der erste Schritt für einen Käfer-Fan.
Käfer sind Gliederfüßer – und Gliederfüßer sind der artenreichste und erfolgreichste Stamm (die oberste Einheit verwandter Arten) im gesamten Tierreich. (Wobei »erfolgreich« hier nicht mit »hoch entwickelt« gleichgesetzt werden darf.) Die meisten wirbellosen Tiere, die Sie auf Anhieb werden aufzählen können, gehören zu diesem Stamm: Skorpione, Spinnen, Krebse, Tausendfüßer und Insekten – um nur die wohl bekanntesten Gruppen zu nennen. Ihnen allen gemeinsam sind die Segmentierung (Unterteilung) des Körpers in einzelne Ringe, die sekundär je nach systematischer Gruppe zu höheren Funktionseinheiten verschmolzen sind, und – natürlich – die namensgebenden Gliederfüße.
Am Anfang der Entwicklung dieses so vielfältigen Tierstammes steht eine geniale »Erfindung« der Natur: das Außenskelett. Diese überwiegend aus Chitin bestehende, im Allgemeinen verhärtete Außenhülle schützt die Gliederfüßer (und zwar nicht nur mechanisch, sondern z. B. auch gegen Wasserverlust), gibt ihnen Form, Farbe, Oberflächenstruktur und dient insbesondere als Ansatzfläche für die innen liegenden Muskeln. Wo durch deren Tätigkeit Bewegung ermöglicht werden soll, müssen starre Chitinplatten oder -röhren durch elastische Gelenkhäute verbunden sein. Daraus resultiert z. B. der namensgebende Aufbau der Beine aller Gliederfüßer: An den weichhäutigen Gelenken können die starren Glieder gegeneinander bewegt werden.
Die so vorteilhafte Panzerung der Gliederfüßer hat aber auch einen fatalen Nachteil: Das starre Außenskelett kann nicht geweitet werden. Wachstum ist

aber eine notwendige Voraussetzung für alle höheren Lebensformen. Deshalb müssen sich Gliederfüßer häuten. Die Außenhaut platzt auf und das sich häutende Tier schlüpft mit einer bereits vorgebildeten, noch weichen neuen Haut heraus. Durch komplizierte Vorgänge wie Umverteilung von Körperflüssigkeiten und Aufnahme von Luft wird die neue Haut geweitet, bevor sie erneut zum starren Panzer aushärtet. Bis dies so weit ist – oft erst nach vielen Stunden – sind Gliederfüßer relativ schutzlos und leicht verletzbar. Sie verbergen sich zur Häutung deshalb oft in Verstecken.

Insekten – beflügelt zum Erfolg

So viel zur entfernten Verwandtschaft der Käfer und den Gemeinsamkeiten; aber wenden wir uns nun den Insekten zu. Sie zeichnen sich durch eine Dreier-Gliederung des Körpers aus:

- Kopf (Caput) mit Augen, 1 Paar Antennen und Mundwerkzeugen, die vielfältig abgewandelt sein können.
- Brustabschnitt (Thorax) mit 3 Beinpaaren (Gliederfüße) sowie 2 Paar Flügeln, die aber abgewandelt oder rückgebildet sein können, bei einigen Gruppen (z. B. Silberfischchen) sogar ganz fehlen.
- Hinterleib (Abdomen) mit Fortpflanzungsorganen (z. B. beweglicher Legebohrer), aber stets ohne paarige Gliederfüße.

Der Fall ist klar: Wegen der vielen Beine kann es sich nicht um eine Insektenlarve handeln; es ist eine Kellerassel.

Der Aufbau der Körperteile aus einzelnen Segmenten ist meist nur noch am Hinterleib zu erkennen. Aber Vorsicht! Diese typische Beschreibung eines Insekts passt nicht immer so gut wie beispielsweise für eine Wespe oder einen Schmetterling. Die Abwandlungen des Grundmusters sind vielfältig und insbesondere die Jugendformen, die so genannten Larven unterscheiden sich oft erheblich – sowohl vom Grundschema eines Insekts als auch von den späteren Erwachsenen (dazu später mehr). Und so manch einer mag sich vielleicht zunächst verwirren lassen, ob er da eine Kellerassel (also ein Krebstier) oder eine Insektenlarve, eine Spinne oder eine Ameise, einen Hundertfüßer oder eine Käferlarve vor sich hat.

In allen Zweifelsfällen hilft nur eines: Zählen, und zwar die Beine! Wie ihr alter wissenschaftlicher Name »Hexapoda« besagt, haben alle Insekten 3 Beinpaare (also insgesamt 6 Beine) und unterscheiden sich dadurch eindeutig von allen ihren Verwandten.

Anmerkung: Einige Larven besitzen am Hinterleib Bildungen, die die Fortbewegung unterstützen, z. B. die »Bauchfüße« oder Nachschieber der Schmetterlingsraupen. Diese Fortbewegungsorgane sind aber nie typische Gliederfüße. Einige 6-beinige Formen aus anderen Gruppen (z. B. Jugendstadien von Milben) haben für die Beobachtungspraxis keinerlei Bedeutung. Einige sechsbeinige primitive Gruppen werden oft nicht mehr zu den Insecta gezählt.

Die für den Erfolg der Insekten wichtigste »Errungenschaft« sind zweifellos die Flügel. Wenn man von Fledermäusen und einigen mehr gleitenden Formen absieht (und natürlich von den ausgestorbenen Flugsauriern), teilen sie die Fähigkeit zum freien, zielgerichteten Flug lediglich mit den Vögeln. Ein fliegendes Nicht-Wirbeltier, das Sie entdecken, ist also immer ein Insekt. Die Vorteile des Fluges sind:

- schnelle Flucht bei einem Angriff;
- bei nicht flugfähigen Feinden Verhindern einer Verfolgung;
- hohes Ausbreitungspotenzial (Insekten und Vögel gehören stets zu den ersten tierlichen Eroberern von isolierten, unbesiedelten Lebensräumen, z. B. neu entstandenen Inseln);
- einfaches Aufsuchen neuer Nahrungsquellen bei Ressourcenknappheit.

All dies, vereint mit einem im Allgemeinen sehr hohen Vermehrungspotenzial (große Nachkommenzahl, kurze Generationenfolge), hat dazu beigetragen, dass die Insekten heute die arten- und individuenreichste Klasse der mehrzelligen Tiere sind. Man kennt weltweit etwa 1 Million Insektenarten und schätzt, dass bis zu 20-mal so viele bisher nicht entdeckt bzw. beschrieben sind.

Die Alleskönner

Wenn wir die Insekten als eine der erfolgreichsten Tierklassen kennzeichnen, so haben die Käfer sicher einen ganz wesentlichen Anteil dran. Nicht nur, dass sie mit etwa 400 000 Arten die größte Ordnung der Insekten bilden, sie sind in fast jeder Beziehung gut für Superlative und Vielfalt.

Ein paar Beispiele:

♦ Das kleinste und das massigste Insekt ist jeweils ein Käfer. Der Goliathkäfer aus den Regenwäldern Afrikas wiegt bei über 10 cm Länge, 5 cm Breite und 4 cm Dicke etwa 30 g, dagegen misst ein südamerikanischer Vertreter aus der Familie der Federflügler nur 0,25 mm. Man stelle sich das einmal vor: ein komplett organisierter Käfer mit Sinnesorganen und Flügeln von der Größe eines Einzellers (Pantoffeltierchen werden 0,12–0,33 mm lang). Der größte Käfer, ein Bockkäfer *(Titanus giganteus)* wird übrigens 18 cm lang.

♦ Käfer haben nahezu alle Lebensräume erobert. Sie leben auf und unter der Erde, in schnell fließenden Bächen, Flüssen und Seen, auf und in Pflanzen, manche sogar als »Gäste« in Ameisennestern (s. auch S. 80).

♦ Dies ist ihnen möglich, weil sie in der Lage sind, alle Formen organischen Materials zu verwerten: Keine Pflanze, kein Pflanzenteil ist vor ihnen sicher, selbst Holz können sie mit Hilfe symbiontischer, Zellulose spaltender Bakterien verwerten. Sie fressen Aas, Kot, Federn oder die Vorräte des Menschen, manche Larven der Ölkäfer saugen sogar das Blut von Honigbienen.

♦ Um die verschiedenen Nahrungsquellen zu nutzen, haben Käfer ihre Mundwerkzeuge zum Teil sehr stark abgewandelt. Ursprünglich ist ein »beißend-kauender« Nahrungserwerb, wobei mit den Mandibeln (s. Foto S. 9) Stücke von der Nahrung/Beute abgeschnitten werden. Aber es gibt auch Arten, die z. B. Nektar mit einem »Pinsel« auflecken bzw. mit einem Rüssel aufsaugen, die einen klebrigen, vorschnellbaren Fangapparat wie ein Chamäleon besitzen (s. auch S. 38) oder die ihre Beute durch die Abgabe von Verdauungssekreten vorverdauen und verflüssigen und die dadurch entstandene »Kraftbrühe« dann aufschlürfen.

♦ Die – wie bei allen Lebewesen – äußerst diffizilen, vielfältig verwobenen physiologischen Regelmechanismen haben bei den Käfern zu Fähigkeiten geführt, die ihnen optimale Überlebenschancen sichern und selbst für die moderne High-Tech-Chemie äußerst kniffelige Abläufe darstellen: So nutzen Bombardierkäfer zur Verteidigung die Wirkungen von chemischen Explosionen (s. S. 26), manche Wasserkäfer können Wirbeltierhormone – als effektives Gift – in Mengen synthetisieren, für deren Gewinnung man die Nebennieren von über 1000 Rindern benötigen würde, und Leuchtkäfer besitzen die Fähigkeit, auf chemischem Wege Licht zu erzeugen (s. auch S. 40).

♦ Schließlich sei an die äußerst vielfältigen und raffinierten Arten der Brutfürsorge bei Käfern erinnert, die das Überleben der Arten sichern, und auf die bei den entsprechenden Artbeschreibungen näher eingegangen wird (z. B. S. 34, 58 und 88).

Hirschkäfer beim Start: gut zu erkennen die abgespreizten Deckflügel und die entfalteten häutigen Hinterflügel.

Soviel zu den außergewöhnlichen Leistungen der Käfer – die Aufzählung ließe sich beliebig verlängern. Aber wenden wir uns nun dem »Standard-Käfer« zu. Erst wenn man das Grundsätzliche kennt und verstanden hat, ist es möglich, jeden Käfer zweifelsfrei als solchen zu erkennen, typische Abwandlungen zu erfassen (wichtig zum Einordnen in Familien) und ungewöhnliche Anpassungen bzw. Ausbildungen richtig zu bewerten.

Eines der wesentlichen Merkmale der (meisten) Käfer ist die starre Panzerung. Sie haben dieses Schutzprinzip der Gliederfüßer zur Perfektion weiterentwickelt. Vielfach wird sogar die »klassische« äußere Gliederung eines Insekts in Kopf, Brust und Hinterleib überdeckt durch einen gleichmäßig gerundeten Körperumriss, der z. B. Feinden kaum Angriffspunkte bietet.

Mit einbezogen in dieses Konzept sind die Flügel: Die Vorderflügel der Käfer sind zu starren, festen, gewölbten Schalen umgebildet, den so genannten Elytren, die den Hinterleib vollkommen bedecken – das wohl wichtigste Kennzeichen der Käfer. Nur bei wenigen Arten(gruppen) sind die Elytren rückgebildet (vgl. S. 36, 38 und 56) oder fehlen ganz (vgl. S. 40). Diese Ausnahmen prägt man sich am besten ein, wenn man jeden Käfer zweifelsfrei als solchen erkennen möchte (vgl. aber Larven, S. 11 und 12).

Die Hinterflügel liegen kunstvoll gefaltet unter den Elytren verborgen. Sie sind die eigentlichen Flugorgane, während die Elytren wie Tragflächen beim Flug lediglich starr abgespreizt werden. Rosenkäfer können die Hinterflügel sogar durch Aussparungen am Außenrand der Vorderflügel zum Flug unter den geschlossenen Elytren hervorstrecken.

Auffällige Organe am Kopf eines Käfers sind die Augen, Fühler (Antennen) und Mundwerkzeuge. Neben fühlerartigen Tastern, die die Nahrung untersuchen, fallen bei Letzteren meist kräftige Kiefer (Mandibeln) auf, mit denen Beutetiere ergriffen oder (bei Pflanzenfressern) Blattstücke usw. zerkleinert werden. Oft sind die Mundwerkzeuge recht unscheinbar. Auch die Fühler können sehr unterschiedlich sein (fadenförmig, gesägt, gekeult usw.), sind aber oft für bestimmte Gruppen (Familien) sehr charakteristisch.

Wie die meisten Insekten besitzen Käfer so genannte Komplex- oder Facettenaugen. Sie setzen sich aus vielen hundert oder tausend Ommatidien (»Einzelaugen«) zusammen, von denen jedes nur einen einzigen Bildpunkt abbildet, die sich alle zusammen aber zu

Sieht er nicht wie ein gefährlicher Räuber aus?, der Dünen-Sandläufer: große Komplexaugen zum Entdecken der Beute und dolchförmige, gezähnte Kiefer zum Zupacken …

Bei diesem Lederlaufkäfer kann man gut die Körpermerkmale eines Käfers erkennen.

Bei diesem Häutungshemd (Exuvie) einer Libellenlarve sieht man deutlich die feinen »Fäden« der Tracheenröhren (vgl. Text S. 11).

einem mosaikartigen Gesamtbild vereinen. Daneben besitzen viele Arten (die Larven der Käfer ausschließlich) noch einfache so genannte Punktaugen, die meist zwischen den Facettenaugen liegen.
Zum Brustabschnitt gehören der mächtig entwickelte Halsschild, unter dem der Kopf manchmal fast verschwindet, sowie das charakteristische, nicht immer sichtbare Schildchen am rückwärtigen Ende des Halsschildes zwischen den Flügeldecken. Aber auch die Flügel, die den Hinterleib bedecken, sind Bildungen des Brustabschnittes.
Die Beine gliedern sich (am Rumpf beginnend) in Hüfte (Coxa, unter dem Körper verborgen), Schenkelring (Trochanter, meist klein und unter dem Körper verborgen), Schenkel (Femur), Schiene (Tibia) und Fußglieder (Tarsus, Plural Tarsen, maximal 5 Glieder) mit Krallen am letzten Glied und können mannigfach abgewandelt sein (Grundform vgl. Foto S. 9).
Trotz des gerade beschriebenen recht typischen Aussehens der Käfer mag sich manch einer vielleicht von Ähnlichkeiten verwirren lassen, die es in anderen Insektengruppen gibt. Man wird zwar – wenn man genau hinsieht – stets rasch erkennen, dass die beobachtete Art kein Käfer sein kann. Dennoch haben wir auf den letzten beiden Doppelseiten des Bestimmungsteils einige Formen vorgestellt, die solche Unsicherheiten auslösen können.
Die Sinnes- und inneren Organe der Insekten und damit auch der Käfer unterscheiden sich stark von denen der Wirbeltiere – wenngleich sie natürlich die gleichen physiologischen Aufgaben erfüllen müssen. So sitzen die Duftrezeptoren (die »Nase«) auf den Fühlern und ein Trommelfell (»Ohren«) kann es sowohl am Brustabschnitt oder Hinterkörper als auch (bei den Heuschrecken) an den Beinen geben. Erwähnt sei hier lediglich noch, dass Insekten einen so genannten offenen Blutkreislauf haben, das heißt das Blut (die sehr unterschiedlich gefärbte Körperflüssigkeit oder Hämolymphe) strömt weitgehend frei (ohne Gefäße) durch den Körper, angetrieben durch ein Schlauchherz. Dies hat zur Konsequenz, dass Insekten keine von Blutgefäßen durchwobene Lunge haben, in der ein Gasaustausch stattfinden könnte.
Stattdessen durchdringt ein fein verzweigtes Röhrensystem (das Tracheensystem) den gesamten Körper und bringt den Sauerstoff direkt zu den Organen, von denen er gebraucht wird. Die Mündungen des Tracheensystems zur Außenluft bezeichnet man als Stig-

Kann ein Marienkäfer seine Eier bei einer Blattlauskolonie absetzten, finden die schlüpfenden Larven einen »gedeckten Tisch« vor.

men. Das Tracheensystem ist entwicklungsgeschichtlich eine Bildung der Körperoberfläche (Kutikula) und muss deshalb wie diese mit gehäutet werden. Wer schon einmal ein leeres Häutungshemd (eine Exuvie) genauer betrachtet hat, wird vielleicht die feinen »Fäden« im Inneren entdeckt haben: Das sind die Häutungsreste der Tracheen.
Im Verlauf mehrerer Häutungen werden junge Insekten (man spricht von Larven) den erwachsenen Tieren (Imagines – Singular Imago – oder Vollinsekten genannt) immer ähnlicher. Nach der letzten Larvalhäutung schlüpft die geschlechtsreife und voll geflügelte Imago (Larven besitzen nur Flügelstummel), die sich nun nicht mehr häutet, also auch nicht mehr wachsen kann. Man bezeichnet dies als unvollkommene (hemimetabole) Entwicklung.
Für Käfer, aber auch Schmetterlinge, Bienen, Fliegen und andere Gruppen

Die Larve eines Marienkäfer sieht dem späteren erwachsenen Tier überhaupt nicht ähnlich. Unter dem Blatt hängt bereits eine Puppe (an der Anheftstelle die abgestreifte Larvenhaut).

Der frisch geschlüpftee Siebenpunkt-Marienkäfer ist noch ganz blass und weichhäutig; neben ihm die leere Puppenhülle.

gilt dieses Schema nicht. Die aus dem Ei schlüpfende Larve sieht ganz anders aus als das Vollinsekt, insbesondere hat sie niemals Flügelstummel und meist eine ganz andere Lebensweise als die Imago. (Die Larven der Schmetterlinge sind die allbekanten Raupen, viele Fliegenlarven sind als »Maden« bekannt.) Nach der letzten Larvalhäutung schlüpft nicht das Vollinsekt, sondern ein besonderes Ruhestadium, die Puppe. Während der so genannten Puppenruhe finden tiefgreifende Umbildungsprozesse statt, die sowohl das Äußere als auch die inneren Organe betreffen. Oft ist die Puppe auch das Überwinterungsstadium der Art. Puppen liegen meist reglos in einer Puppenwiege (die die Larve vor der letzten Häutung baut) im Erdboden oder hängen wie im Falle vieler Schmetterlinge an versteckten Stellen in der Vegetation. Nur wenige (z. B. die der Stechmücken) sind beweglich. Aus der Puppe schlüpft schließlich die Imago.
Diese Entwicklung heißt vollkommene (holometabole) Verwandlung und gilt auch für Käfer. Man spricht von einer Metamorphose. Man beachte: Jeder Käfer ist also ein Vollinsekt; er häutet sich nicht mehr und kann deshalb auch nicht wachsen. »Junge« Mai- oder Marienkäfer gibt es folglich nicht, sondern nur kleinere Arten! Allerdings können die Imagines mancher Arten – je nach Nahrungsangebot während der Larvalentwicklung – sehr unterschiedlich groß sein. Extremes Beispiel: Die Größe des Hausbocks schwankt zwischen 7 und 21 mm.
Die Metamorphose bedingt, dass man die Larven der holometabolen Insekten nur schwer einer bestimmten Imago zuordnen kann. Wer Larven erkennen will, prägt sich deshalb am besten die verschiedenen Typen ein. In diesem Führer haben wir überall dort eine Larve abgebildet, wo sie typisch für eine bestimmte Käfergruppe und relativ leicht zu entdecken ist.

Crash-Kurs für Käfer-Einsteiger

Um Käfer zu benennen, ist es sinnvoll, sich zuerst einen Überblick über die Formenvielfalt zu verschaffen. Die Insektenordnung der Käfer unterteilt man in verschiedene Familien, deren Angehörige sich durch gemeinsame Merkmale und oft ähnliche Lebensweise auszeichenen. Wer weiß, zu welcher Familie ein unbekannter Käfer gehört, kann oft schon recht viel über ihn erzählen. Deshalb empfehlen wir sehr, sich zunächst mit den 8 auf den folgenden Seiten genannten Familien vertraut zu machen. Wer sie erkennt, kann bereits 70% der Käferarten Mitteleuropas zuordnen. Beim Arbeiten mit diesem Buch brauchen dann z. B. bei der Identifizierung eines Blatthornkäfers nur noch die entsprechenden Seiten durchgesehen werden. Umgekehrt müssen beim Bestimmen einer unbekannten Art diejenigen Seiten nicht mehr durchgeblättert werden, auf denen Vertreter von Familien abgebildet sind, die man kennt.
Neben der Abbildung eines typischen Vertreters der Familie (wir empfehlen aber sehr, sich auch die anderen Fotos im Bestimmungsteil einzuprägen) haben wir die wichtigsten Merkmale angegeben. Ausnahmen vom Grundschema gibt es fast immer. Wenn sie für den Anfänger ohne praktische Bedeutung sind, weil man die betreffende(n) Art(en) selten entdeckt, werden die einschränkenden Attribute (meist, überwiegend) in Klammern gesetzt.

Laufkäfer (Carabidae, S. 18–27)

- (Meist) schlanke, deutlich in Kopf, Brustabschnitt, Hinterleib gegliederte, d. h. typische Käfer;
- fadenförmige Fühler;
- (meist) schnell laufende Bodenbewohner mit kräftigen Beinen;
- häufig dunkel bis schwarz mit skulpturierten Flügeldecken;
- kräftige Mandibeln, da fast immer räuberisch (auch Larven);
- viele Arten und ihre Larven nützlich als Vertilger von Schädlingen;
- artenreiche Familie: etwa 30 000 Arten weltweit, ca. 550 bei uns.

Schwimmkäfer (Dytiscidae, S. 28–31)

- Leben im Wasser;
- Körper stromlinienförmig, oval, abgerundet, (meist) abgeflacht;
- überwiegend düster braunschwarz und gelb gezeichnet;
- fadenförmige Fühler;
- insbesondere Hinterbeine mit langen Schwimmhaaren;
- beim Schwimmen werden die Hinterbeine gleichzeitig bewegt;
- Luft Schöpfen mit der Hinterleibsspitze an der Wasseroberfläche;
- Imagines und Larven räuberisch;
- in Mitteleuropa etwa 160 Arten.

Kurzflügler (Staphylinidae, S. 36–39)

- Elytren bedecken den Hinterleib (meist) nur unvollständig;
- Körper langgestreckt; Fühler fadenförmig, zur Spitze z. T. dicker;
- meist flinke Bodenbewohner;
- kräftige Mandibeln;
- Larven und Imagines leben meist räuberisch von Kleintieren, manche Arten von verrottendem organischen Material;
- wichtige Glieder im Nahrungsnetz (s. S. 15) der Bodenstreu;
- bei uns artenreichste Familie mit ca. 1460 Arten, weltweit über 25 000.

Marienkäfer (Coccinellidae, S. 50–53)

- Allgemein bekannte, hoch aufgewölbte, ovale Käfer; überwiegend im Größenbereich um 5 mm;
- Färbung und Musterung variabel, aber stets in den Farben Rot, Gelb, Schwarz, Braun;
- auf Pflanzen; dort sind die charakteristischen Larven (s. S. 51) und die Imagines eifrige Vertilger von Blattläusen und anderen Kleininsekten;
- deshalb (die meisten Arten) sehr nützlich; auch Einsatz in der biologischen Schädlingsbekämpfung;
- etwa 100 Arten in Mitteleuropa.

Blatthornkäfer (Scarabaeidae, S. 58–67)

- Meist gedrungene, hoch aufgewölbte, eher plump wirkende Käfer;
- Fühler an der Spitze mit 3–7 einseitig blattartig erweiterten Gliedern, die eine nach vorn gerichtete »Keule« vortäuschen (vgl. auch Hirschkäfer, S. 68/69);
- Halsschild (meist) auffallend groß;
- Schienen häufig mit Dornfortsätzen, die zum Graben befähigen;
- Larven (Engerlinge, s. S. 63) und Imagines z. T. Pflanzenschädlinge;
- artenreiche Familie: etwa 20 000 Arten weltweit, bei uns ca. 180.

Bockkäfer (Cerambycidae, S. 70–77)

- Schlanke, langgestreckte, deutlich in Kopf, Brustabschnitt, Hinterleib gegliederte (typische) Käfer;
- Fühler fadenförmig, oft sehr lang (länger als der Körper), gebogen;
- meist mittelgroß bis groß;
- Imagines fressen Blütenteile oder Blätter, lecken Baumsäfte oder nehmen gar keine Nahrung auf;
- Larven vielfach Holzbewohner (symbiontische Mikroorganismen zum Zelluloseabbau);
- artenreiche Familie: etwa 26 000 Arten weltweit, bei uns ca. 200.

Blattkäfer (Chrysomelidae, S. 78–85)
- Meist kurz-ovale, hoch aufgewölbte rundliche Käfer;
- Fühler fadenförmig, manchmal zur Spitze etwas verdickt;
- klein bis mittelgroß;
- meist träge auf Pflanzen;
- lassen sich bei Störungen fallen;
- Larven und Imagines (meist) Pflanzenfresser, oft auf wenige (oder nur eine) Futterpflanzen spezialisiert;
- etliche Arten werden durch Fraß an Kulturpflanzen schädlich;
- artenreiche Familie: etwa 35 000 Arten weltweit, bei uns ca. 600.

Rüsselkäfer (Curculionidae, S. 86–89)
- Rüsselartig verlängerter Kopf, entweder breit-abgeflacht oder langröhrenförmig (bis körperlang);
- Fühler sitzen am Rüssel, oft leicht gekeult, meist mit sehr langem 1. Glied, an dem gewinkelt die mehrgliedrige Geißel sitzt;
- Cuticula oft sehr hart und grob skulpturiert;
- überwiegend düstere Färbung; oft mit schillernden Schuppen bedeckt;
- Pflanzenfresser, oft auf wenige (oder eine) Futterpflanzen spezialisiert;
- Larven madenförmig, ohne Beine, (meist) im Inneren von Pflanzen;
- zahlreiche Arten schädlich an Kulturpflanzen oder Vorräten;
- mit etwa 50 000 Arten größte Käferfamilie, in Mitteleuropa etwa 800 Arten.

Die Bedeutung von Käfern in Ökosystemen

Bereits zu Beginn des Abschnitts »Die Alleskönner« haben wir darauf hingewiesen, wie vielfältig die Anpassungen der Käfer an die verschiedensten Umweltbedingungen sind und dass sie nahezu alle Lebensräume erfolgreich besiedelt haben. Doch in der Natur existiert keine Art für sich allein. Jede ist in so genannte Nahrungsketten oder besser: in ein kompliziertes Nahrungsnetz eingebunden.

Unter Nahrungskette versteht man, dass die Arten durch ihren Nahrungserwerb voneinander abhängig sind: Schnecken fressen beispielsweise die meist reichlich vorhandenen Pflanzen(teile). Die Schnecken wiederum werden von Laufkäfern erbeutet, die ihrerseits einer Spitzmaus zum Opfer fallen. Zu deren Feinden gehört das Wiesel und am Ende der Kette könnte ein Greifvogel stehen.

Da allerdings nur selten eine Art ausschließlich ein Nahrungsangebot nutzt (zumindest über das ganze Jahr betrachtet), verknüpfen sich viele Ketten zu einem Nahrungsnetz. Ein Laufkäfer frisst eben neben Schnecken auch zahlreiche andere kleine Bodenbewohner und besitzt zahlreiche verschiedene Feinde.

Dieser simple Zusammenhang wirkt auf die gesamte Lebensgemeinschaft stabilisierend. Fällt aufgrund irgendwelcher Umstände eine Art aus, weichen die verbliebenen Arten auf andere Beutetiere aus – und die Nahrung der verschwundenen Art kann nun leichter von deren ursprünglichen Konkurrenten genutzt werden. Allerdings ist ein solches Netz nur bis zu einer gewissen Grenze belastbar. Fallen zu viele Arten aus, bricht das gesamte Gefüge auseinander und es kommt zu gravierenden ökologischen Umstrukturierungen – eine ganz andere Lebensgemeinschaft wird sich bilden.

So gesehen sind gerade die Käfer mit ihrer immensen Artenfülle und vielfach hohen Individuendichte ein bedeutender stabilisierender Faktor für viele Ökosysteme. Und tatsächlich werden gerade die Käfer häufig als Indikatoren für die Bewertung von Lebensräumen, z. B. geplanter Schutzgebiete, herangezogen. Gern werden dabei die vorkommenden Laufkäfer untersucht, weil sie mit einfachen Bodenfallen quantitativ gesammelt werden können und relativ leicht zu bestimmen sind.

Auch über den »Erfindungsreichtum« der Käfer, jedes Nahrungsangebot zu nutzen, wurde bereits berichtet. Dabei kann zwischen so genannten Generalisten und Spezialisten unterschieden werden. Flexible Arten können ein sehr vielfältiges Nahrungsangebot nutzen und oft auch sehr unterschiedliche Lebensräume besiedeln, da sie auch an Faktoren wie Temperatur, Feuchtigkeit, Bewuchs usw. keine zu eng begrenzten Anforderungen stellen. Sie werden deshalb als Allerweltsarten oder Ubiquisten bezeichnet.

Spezialisten sind dagegen von beispielsweise einer ganz bestimmten Nahrungsquelle abhängig. Sie sind bereits im Bestand gefährdet, wenn dieses eine Angebot verschwindet. So lebt die Larve des Hirschkäfers ausschließlich in Stamm und Wurzeln von alten, teilweise bereits absterbenden Laubbäumen, vorwiegend Eichen. Da Bäume heute gefällt werden, solange das Holz wirtschaftlich hochwertig ist, fehlt den Hirschkäferlarven ihr Lebensraum. Sie werden folglich immer seltener – und mit ihnen die Imagines.

Manchmal finden aber auch Spezialisten einen »reich gedeckten Tisch«. Ein bekanntes Beispiel ist der Kartoffelkäfer. Ursprünglich war er in seiner Heimat, der westlichen USA eher selten, da er sich seine Nahrungspflanzen aus der Familie der Nachtschattengewächse mühsam suchen musste. Als aber die Kartoffel, ebenfalls ein Nachtschattengewächs, großflächig angebaut wurde, brachen für ihn paradiesische Zeiten an und er trat seinen Siegeszug um die Welt an.

Vom reichlichen Nahrungsangebot des Menschen auf Feldern und in Vorratslagern profitieren aber mindestens genauso oft die Generalisten. Gerade unter den Käfern gibt es eine ganze Heerschar von solchen »Schädlingen«. Deshalb zum Schluss der Einführung noch ein paar Gedanken zur Beziehung zwischen Käfern und Menschen.

Käferbekämpfung oder Käferschutz?

Schon zu Beginn des Feldbaus musste der Mensch »seinen Teil« der Natur abringen. Noch im Jahr 1868 brachte allein der landwirtschaftliche Verein der Provinz Sachsen 30 000 Zentner Maikäfer zusammen, was etwa 1,6 Milliarden Käfern entspricht, die ihm seine Ernte schmälern wollen. Es ist also verständlich, wenn eine effektive Bekämpfung vieler »Schädlinge« als Segen empfunden wird. Aus heutiger Sicht, nachdem viel Unheil durch falsche, breitenwirksame Bekämpfungsmittel angerichtet wurde, kann solches Handeln nur unter der Auflage akzeptiert werden, selektiv auf das »Schadinsekt« wirkende, umweltschonende, schnell abbaubare Mittel einzusetzen oder biologische Methoden (Fressfeinde, Parasiten usw.) anzuwenden.
Aber solche Maßnahmen allein werden nicht reichen, um einen Großteil der heute noch verbreiteten Arten über die nächsten hundert Jahre und darüber hinaus zu retten. Naturschutz bedeutet auch Berücksichtigung ökologischer Aspekte bei der Realisierung urbaner und technischer Entwicklung. Jeder einzelne ist angehalten, mit der Natur und ihren Lebewesen rücksichtsvoll umzugehen. Und das betrifft nicht nur die geschützten Arten.
Wir haben in diesem Führer angegeben, wenn eine Art in Deutschland geschützt oder in der Roten Liste verzeichnet ist (Kategorien: potenziell gefährdet, gefährdet, stark gefährdet, vom Aussterben bedroht). In Österreich und in der Schweiz gibt es entsprechende gesetzliche Regelungen.
Wir Menschen können heute nicht mehr so unbekümmert mit unserer »Rest-Natur« umgehen wie früher, als man noch »aus dem Vollen schöpfen« konnte. Wie sehr die heimische Natur verarmt ist und wie sehr sich folglich auch die Einstellung ihr gegenüber wandeln musste, mag folgendes Zitat vom Beginn des 20. Jahrhunderts über den Hirschkäfer belegen: »... Er, der alte, liebe Bekannte aus sorgloser Kinderzeit, den wir so oft an seinem zackigen Geweih vor ein aus einer Streichholzschachtel angefertigtes Wägelchen gespannt hatten, um uns unbewußt an seiner erstaunlichen Muskelkraft zu erfreuen.«
Der Hirschkäfer ist heute in Deutschland geschützt, seine letzten Vorkommen werden unter Naturfreunden wie »Geheimwissen« weitergegeben. Und doch: Noch gibt es ihn in unseren Wäldern – ebenso wie viele Tausende andere Arten. Und deshalb ist jede Anstrengung gerechtfertigt, der Natur in der ausgebeuteten Landschaft Mitteleuropas und überall sonst auf der Welt ein Daseinsrecht einzuräumen. Mit jeder weiteren ausgestorbenen Art schwindet eine Chance für uns und unsere Kinder, zu staunen über die Vielfalt und den Einfallsreichtum der Natur, es schwindet eine Möglichkeit, die Wunder des Lebens zu erfahren und sinnliche Eindrücke zu sammeln in einer von Technik dominierten Welt.

Noch gibt es Hirschkäfer in unseren Wäldern ...

Feld-Sandlaufkäfer
Cicindela campestris

geschützt

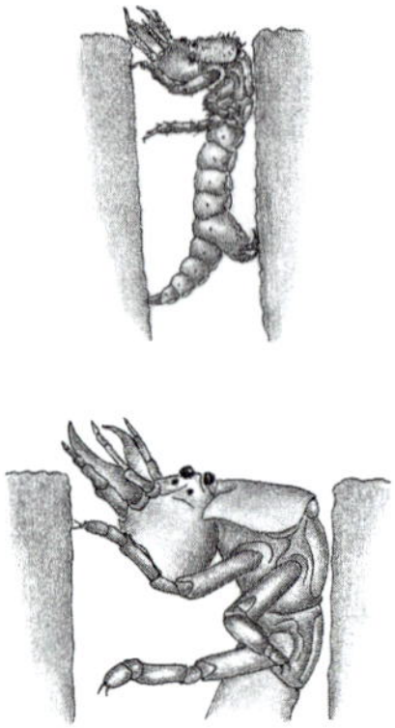

Larve in Wohnröhre

Laufkäfer, Carabidae. **Merkmale:** Die Flügeldecken sind metallisch grün mit kleinen, cremefarbenen Flecken. Die großen sichelförmigen Kiefer (Mandibeln) sind auf der Innenseite gezähnt. Deutlich wölben sich die großen runden Augen am Kopf vor. Die Beine sind lang und zierlich. **Vorkommen:** Auf sandigen niedrig bewachsenen Feld- und Waldwegen sowie auf sonnigen Waldlichtungen. **Lebensweise:** Von April bis in den Oktober aktiv. Lebt räuberisch und ernährt sich von allen überwindbaren Gliederfüßern, die blitzschnell überfallen und getötet werden. Bei Bodenerschütterung oder plötzlichem Schatten fliegen die Tiere auf und landen nach wenigen Metern. Die Begattung der Weibchen erfolgt ohne Balz. Danach (im Mai) die Eiablage etwa 5 mm in den Boden. Die Larven leben in senkrechten, selbstgegrabenen Wohnröhren, die bis 50 cm Tiefe erreichen. Lauern die Larven auf Beute, so schließen sie mit Kopf und Halsschild den Eingang zur Röhre ab (s. Grafik). Kommt ein Beutetier in die Nähe, wird es ruckartig mit den Kiefern gepackt und in die Wohnröhre hinabgezogen; dabei bedient sich die Larve so genannter Stemmzapfen am Hinterleib. Nach der Nahrungsaufnahme werden Beutereste und Kot aus der Wohnröhre geschleudert. Überwinterung in der verschlossenen Wohnröhre Die Verpuppung erfolgt im Juli und etwa 3 Wochen später schlüpfen die Käfer.

Dünen-Sandlaufkäfer
Cicindela hybrida

geschützt

Laufkäfer, Carabidae. **Merkmale:** Die Flügeldecken sind metallisch kupferfarben, mit cremefarbenen Binden von den Rändern nach innen. Wie bei den meisten heimischen *Cicindela*-Arten beträgt die Körperlänge zwischen 12 und 20 mm. In der Färbung ähnelt die Art dem Wald-Sandlaufkäfer *(Cicindela silvatica)*, dessen Flügeldeckenbinden jedoch schmaler sind. **Vorkommen:** *C. hybrida* finden wir auf Küstendünen, vor allem aber auf Binnendünen, Flugsandfeldern und in Sandgruben. **Lebensweise:** Die Tiere leben auf Sandflächen, die besonders stark der Sonneneinstrahlung ausgesetzt sind. Mit Hilfe ihrer langen, zierlichen Beine können sie den Körper im nötigen Abstand über den heißen Sand bewegen, dessen Temperaturen mehr als 65 °C erreichen können. Die senkrecht in den Boden führenden Wohnröhren der Larven kann man leicht an einem kleinen Häufchen helleren Rohsandes erkennen, der in ca. 5 cm Entfernung von der Wohnröhre aufgehäuft wird.

Lederlaufkäfer

Carabus coriaceus

geschützt

Vorderbein

Männchen Weibchen

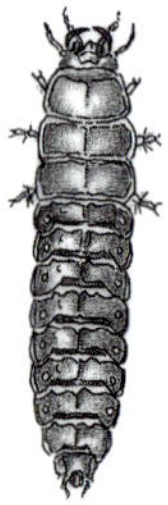

Larve

Laufkäfer, Carabidae. **Merkmale:** Mit 34–42 mm Länge die größte heimische Laufkäferart. Der ganze Körper ist schwarz, die Flügeldecken sind lederartig gerunzelt. Meist Flugunfähigkeit, da die Hinterflügel stark rückgebildet sind und die Berührungsnaht der Flügeldecken aneinander haftet. Die Fußglieder der Vorderbeine des Männchens sind verbreitert (vgl. Grafik) und tragen auf der Unterseite Afthaare (Festhalten bei der Paarung). **Vorkommen:** Die Tiere sind in lichten Laubwäldern, aber auch auf Äckern und Wiesen anzutreffen. Hier findet man sie auch unter Holz oder Steinen. **Lebensweise:** Die Imagines jagen auch am Tage nach Schnecken, Regenwürmern und Insektenlarven, sogar Aas kleiner Wirbeltiere wird nicht verschmäht. Die Beute wird mit den mächtigen Kiefern gepackt und mit Verdauungssäften vor dem Mund verdaut (extraintestinale Verdauung). Die verflüssigte Nahrung wird dann aufgenommen. Der Verdauungssaft kann bei Bedrohung auch ausgespritzt werden. Eine weitere Verteidigungswaffe sind die Wehrdrüsen, die in Afternähe münden. Aus ihnen wird ein Wehrsekret manchmal gezielt auf den Angreifer gespritzt; dieses führt in den Augen zu einem starken Brennen. Nach der mehrmaligen Begattung im Frühling erfolgt die Eiablage über mehrere Wochen hinweg, wobei die Eier meist einzeln in kleine Höhlungen abgelegt werden. Die anschließende Entwicklung der räuberischen Larven beträgt 2–3 Monate. Die Puppenphase dauert 8–10 Tage. Die Imagines überwintern in morschen Baumstümpfen oder in Erdhöhlen. Wegen ihres starken Appetites gelten alle *Carabus*-Arten als Nützlinge.

Gold-Laufkäfer, Goldschmied

Carabus auratus

geschützt

Laufkäfer, Carabidae. **Merkmale:** Länge 17–30 mm. Ovale, schlanke Körperform, grüngolden glänzende Färbung. Die Flügeldecken mit abgerundeten Längsstreifen, Flügelränder goldrot. Im Gegensatz zu dem ähnlichen Goldglänzenden Laufkäfer (*Carabus auronitens*), einem Waldbewohner, der bis auf 2500 m Höhe vorkommt, hat *C. auratus* die ersten 4 Fühlerglieder gelbrot gefärbt, bei *C. auronitens* nur das erste Fühlerglied gelbrot. **Vorkommen:** Bewohnt offenes Gelände und meidet Wälder sowie sandige Böden. Seit 1942 hat er die Oder überschritten und breitet sich seitdem weiter nach Osten hin aus. **Lebensweise:** Der Goldschmied ist im Gegensatz zu vielen anderen *Carabus*-Arten tagaktiv und macht Jagd auf Nacktschnecken, Regenwürmer, Insektenlarven und sogar Jungtiere von Wirbeltieren; auch Aas wird gelegentlich verzehrt. Auftreten von April bis August, Larvalentwicklung ähnlich der von *C. coriaceus* und anderen *Carabus*-Arten.

Ufer-Laufkäfer

Carabus clathratus

geschützt,
stark gefährdet

Laufkäfer, Carabidae. **Merkmale:** 25–37 mm lang; kupferfarben bis schwarz. Die Flügeldecken weisen goldgefärbte Grubenreihen auf, die durch Kettenstreifen verbunden sind. Die Grubenreihen werden von durchgehenden Leisten getrennt. **Verbreitung:** Etwa 40% der Art sind flugfähig, wodurch eine raschere Ausbreitung als bei flugunfähigen *Carabus*-Arten möglich ist. **Vorkommen:** Meeresküsten, Strand- und Salzwiesen, Fluss- und Seeufer, Feuchtwiesen und Moore. Da mit fortschreitender Drainage von Feuchtgebieten die Lebensräume des Käfers reduziert wurden, ist er an vielen früheren Fundorten ausgestorben oder selten geworden. **Lebensweise:** Die aktive Phase der Tiere reicht von April bis in den September. Die Beute, Gliedertiere und Insekten der Uferregionen, werden sogar bis ins Wasser hinein verfolgt. Während dieser kurzen Tauchgänge können die Käfer über einen Luftvorrat, der unter den Flügeldecken mitgeführt wird, atmen. Nach der Paarung legen die Weibchen ihre Eier im feuchten Boden ab. Gegen Ende der Larvalzeit verpuppen sich die Tiere und schlüpfen im Spätsommer oder Frühherbst. Die überwinternden Imagines bilden oft Schlafgesellschaften von mehreren Dutzend Tieren in vermodernden Baumstümpfen.

Körniger Laufkäfer

Carabus granulatus

geschützt

Laufkäfer, Carabidae. **Merkmale:** 14–23 mm lang. Die Färbung der Oberseite ist sehr variabel, sie reicht von metallisch grün über dunkel bronzefarben bis metallisch schwarz. Auch die Färbung der Beine variiert über orangebraune Schenkel mit schwarzen übrigen Beingliedern bis einheitlich schwarz. **Vorkommen:** Eine der häufigsten und am weitesten verbreiteten Laufkäferarten. Er ist sowohl auf Feuchtwiesen und in Auwäldern als auch auf Feldern und in Wäldern anzutreffen. Er steigt sogar bis ins Hochgebirge hinauf. Sehr häufig findet man ihn unter der losen Borke gestürzter Bäume. **Lebensweise:** Die Art ist von Mitte März bis in den September hinein aktiv. Nach der Paarung legt das Weibchen 30–40 Eier in die Erde ab. Die Tiere ernähren sich vor allem von Schnecken, anderen Gliederfüßern und Insekten. Zum Beuteerwerb klettern sie manchmal sogar auf niedrige Sträucher. Ein Teil der Männchen verfügt über funktionsfähige Hinterflügel und kann fliegen.

Hain-Laufkäfer
Carabus nemoralis

geschützt

Laufkäfer, Carabidae. **Merkmale:** 20–28 mm lang. Oberseite von Dunkelbronze bis zu glänzendem Schwarzgrün; Halsschild- und Flügeldeckenrand rötlich, violett oder grünlich glänzend. Die Ausbildung der Leisten auf den Flügeldecken ist nur schwach, dazwischen befinden sich schwache Vertiefungen, die violett- oder bronzeglänzend gefärbt sind. Die Beine und Fühler sind schwärzlich. **Vorkommen:** Sowohl in Wäldern, Feldern und Gärten als auch in feuchten Kellern und Gebäuden anzutreffen; steigt bis auf 2000 m Höhe. **Lebensweise:** Jagt von Einbruch der Nacht bis in die Morgenstunden. Von März bis Oktober aktiv, geht jedoch Anfang Juni bis in den Juli hinein in Sommerschlaf. Die Tiere ernähren sich von anderen Gliederfüßern, bevorzugt jedoch von den ebenfalls nachtaktiven Erdeulenraupen. Manchmal findet man sie sogar an reifen herabgefallenen Früchten.

Goldleiste
Carabus violaceus

geschützt

Lippentaster

Laufkäfer, Carabidae. **Merkmale:** 18–35 mm lang. Halsschild und Flügeldecken sind schwarzblau gefärbt mit leichtem Metallschimmer. Der Seitenrand ist sehr variabel von rötlich, violett, blau bis grün glänzend. Die Oberfläche der lang-ovalen Flügeldecken ist leicht gekörnt. Die Art tritt in ihrem Verbreitungsgebiet in mehreren Rassen bzw. Unterarten auf. **Vorkommen:** Die Tiere kommen sowohl in feuchten Wäldern als auch in freiem Gelände vor und dringen sogar in Gebäude ein. Im Gebirge steigen sie bis auf 2000 m Höhe empor. Trockene Kiefernwälder werden jedoch gemieden. **Lebensweise:** Von April bis September aktiv. Die Tiere machen Jagd auf Schnecken und Regenwürmer, ernähren sich jedoch gelegentlich von Aas. Bei der Nahrungssuche werden die Lippentaster eingesetzt, deren 2. Glied charakteristisch beborstet ist (vgl. Grafik). Die Larven sieht man selten, sie leben meist unterirdisch.

Blauer Laufkäfer
Carabus intricatus

geschützt, gefährdet

Laufkäfer, Carabidae. **Merkmale:** 25–38 mm lang. Oberseite metallisch blau bis schwarz gefärbt. Halsschild mit tiefer Mittelfurche. Flügeldecken mit Kettenstreifen und Längsrunzeln. Körper relativ flach. **Vorkommen:** Fehlt im Norden. Bevorzugt ausgedehnte Laubwälder auf Kalkboden. Häufig unter lockerer Borke anzutreffen. **Lebensweise:** Von April bis September aktiv mit Sommerschlaf Ende Juni bis Anfang August. Jagt andere Gliederfüßer und leckt in den Abendstunden an austretenden Baumsäften. Die Tiere überwintern oft gesellig in morschen Baumstümpfen.

Rotbeiniger Schnellläufer

Pseudoophonus ruficeps

Laufkäfer, Carabidae. **Merkmale:** 12–16 mm lang; Körper und Flügeldecken schwarz; Oberseite sehr fein behaart (Gegenlicht). Fühler und Beine gelbrot bis rotbraun gefärbt. Körperform lang-oval. **Vorkommen:** Im offenen Gelände auf Lehmböden, sandigen Äckern, auf Ödland, Binnendünen und Ruderalflächen. Man findet die Tiere häufig unter Steinen, wo sie sich tagsüber verstecken. **Lebensweise:** Von April bis September aktiv. Nach der Paarung erfolgt im September die Eiablage. Die Larve überwintert. Die Imagines ernähren sich von Schnecken, kleinen Regenwürmern und Gliederfüßern. Manchmal fressen sie jedoch auch Pflanzensamen (z. B. von Doldengewächsen). Ebenfalls stehen Pflanzenkeimlinge auf dem Speiseplan, was auf Kulturflächen wirtschaftliche Schäden verursachen kann. Das Massenauftreten in Erdbeerkulturen macht ihn sogar zum Schädling, da er hier die Nüsschen der Erdbeeren frisst.

Mittlerer Bombardierkäfer

Brachinus crepitans

Abwehr von Feinden

Laufkäfer, Carabidae. **Merkmale:** 7–10 mm lang. Mit Ausnahme der metallisch grün oder blaugrün schimmernden Flügeldecken ist der ganze Käfer orangerot gefärbt. Die Flügel sind längsgerieft und fein behaart (Gegenlicht). Ähnlich ist der kleinere, nur 4–7 mm messende Kleine Bombardierkäfer (*Brachinus explodens*). **Vorkommen:** Die Art bevorzugt kalkhaltige Böden in warmen Gebieten und ist besonders auf Äckern und Ruderalflächen Süddeutschlands verbreitet. Beim Wenden von größeren Steinen findet man die Tiere meist gesellig beieinander. Sie laufen allerdings auch bei Sonnenschein umher. **Lebensweise:** Die Besonderheit der Bombardierkäfer liegt darin, dass sie sich bei Störung oder Gefahr mit einem leichten explosionsartigen Knall gegen kleine Feinde wie Ameisen verteidigen können: Am Hinterleibsende münden paarige Drüsen, aus denen über eine »Explosionskammer« in Bruchteilen von Sekunden ein bis 100 °C heißes Gemisch aus Wasserdampf, Sauerstoff und Chinonen explosionsartig ausgestoßen werden kann (vgl. Grafik).

Gewöhnlicher Gelbrand

Dytiscus marginalis

Foto oben: Männchen

Foto Mitte links: Weibchen

Foto Mitte rechts: Larve

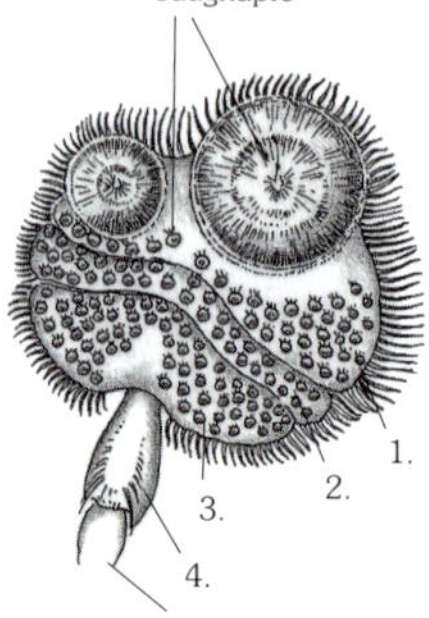

Vorderfuß des Männchens

Familie Schwimmkäfer, Dytiscidae. **Merkmale:** Typischer Schwimmkäfer (vgl. S. 13); 27–35 mm lang. Einige Vorderfußglieder der Männchen sind deutlich verbreitert und weisen auf der Unterseite artspezifische Saugnäpfe auf (vgl. Grafik). Die Weibchen besitzen meist gefurchte Flügeldecken (vgl. Foto). Halsschild auf allen Seiten gleich breit gelb gerandet (Art-Kennzeichen!), Flügeldecken seitlich mit breitem gelben Rand (Name!). Insgesamt 7 *Dytiscus*-Arten in Mitteleuropa. **Vorkommen:** In stehenden und langsam fließenden Gewässern, vorzugsweise in Weihern und Gräben mit starkem Pflanzenbewuchs. **Lebensweise:** Kommen zum Luftholen regelmäßig mit der Hinterleibsspitze an die Wasseroberfläche (Hauptluftvorrat unter den Flügeldecken). Beim Schwimmen schlagen Schwimmkäfer mit ihren Hinterbeinen gleichzeitig (Unterschied zu den Wasserkäfern). Während der oft viele Stunden dauernden Paarung heften sich die Männchen mit den Saugnäpfen ihrer Vorderfüße am Halsschild des Weibchens fest. Die etwa 7 mm langen, langgestreckten Eier werden in Pflanzengewebe (z. B. Stängel von Froschlöffel) abgelegt. Die Larven wachsen in 3–4 Wochen (3 Stadien) auf etwa 8 cm Länge heran. Zur Verpuppung begeben sie sich an Land und graben sich in etwa 15 cm Tiefe eine Puppenwiege. Larven wie Imagines leben räuberisch von Wassertieren aller Art (Wasserasseln, Insekten) bis hin zu Kaulquappen und kleinen Fischen. Die Beute wird durch Gifte gelähmt. Die Larve injiziert zudem Verdauungssekrete in die Beute. Deren inneren Organe werden dadurch verflüssigt, und der Nahrungsbrei kann durch die dolchförmigen, hohlen Mandibeln ausgesaugt werden. Höchstalter der Imagines 5 Jahre, meist 2–3.

Furchenschwimmer

Acilius sulcatus

Foto unten: Weibchen

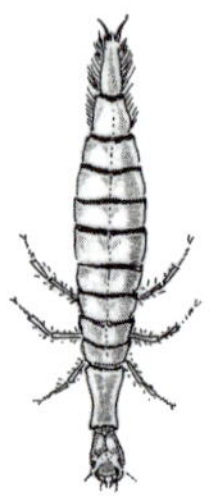

Larve

Familie Schwimmkäfer, Dytiscidae. **Merkmale:** Durch die Größe von 15–18 mm, gleichmäßig gerundeten, breitovalen, stark abgeflachten Körper, gelbliche Flügeldecken mit schwarzen Sprenkeln (wirken aus Entfernung einheitlich dunkel) und typisch gezeichneten Halsschild und Kopf (vgl. Foto) leicht zu erkennen. Auch bei dieser Art besitzen die Männchen stark verbreiterte Vorderfußglieder und die Weibchen gefurchte Flügeldecken (4 behaarte Furchen). 1 weitere ähnliche Art in Mitteleuropa. **Vorkommen:** In stehenden und langsam fließenden Gewässern; gern in klaren, tieferen Weihern und Mooren. **Lebensweise:** Ähnlich Gelbrand, aber Eiablage an Land unter morsche Rinde oder in Moos. Die Larven besitzen eine auffallend lange Vorderbrust (vgl. Grafik). Sie paddeln in S-förmig gekrümmter Haltung durchs Wasser auf der Suche nach Nahrung: überwiegend Planktonkrebse.

Schnellschwimmer
Agabus sturmii

Foto oben links

Familie Schwimmkäfer, Dytiscidae. **Merkmale:** Typischer Schwimmkäfer von etwa 8 mm Länge; gelbbraun, Kopf und Halsschild (mit Ausnahme des Seitenrandes) schwarz. Zahlreiche ähnliche Arten; andere häufige Vertreter der Gattung *Agabus* meist ganz schwarz gefärbt. **Vorkommen:** Waldtümpel, Teiche, Moore; häufig, insbesondere im Norden. **Lebensweise:** Käfer und Larven ernähren sich räuberisch.

Zwergschwimmer
Hydroporus palustris

Foto oben rechts

Familie Schwimmkäfer, Dytiscidae. **Merkmale:** Der Zwergschwimmer gehört mit 3–4 mm Körperlänge zu den kleineren Arten, von denen zahlreiche sehr ähnliche in unseren Gewässern vorkommen, allein 32 Vertreter der Gattung *Hydroporus*. Er kann an der schlanken Körperform und der typischen gelb-schwarzen Zeichnung (s. Foto) erkannt werden. **Vorkommen:** In fast allen Gewässern (Ubiquist); gern in kleinen, pflanzenreichen Tümpeln und Weihern; häufig. **Lebensweise:** Gewandter Schwimmer, der sich von kleinen Wassertieren ernährt, besonders gern von Wasserflöhen. Die Larven schwimmen nicht sehr gut, sondern klettern am liebsten in Wasserpflanzen herum.

Gewöhnlicher Taumelkäfer
Gyrinus substriatus

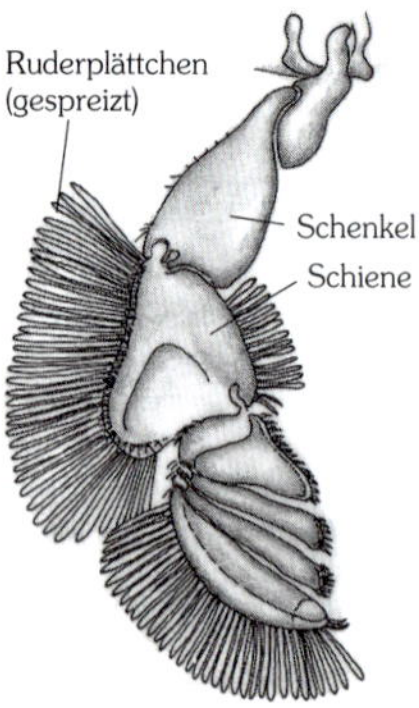

Ruderfuß

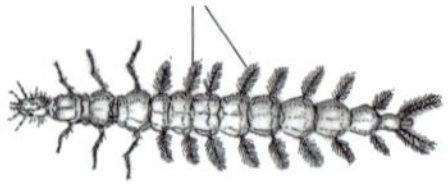

Larve

Familie Taumelkäfer, Gyrinidae. **Merkmale:** Die Käfer fallen vor allem auf, wenn sie bei Sonnenschein, glitzernd wie ein Lichtfleck, rasend schnell auf der Wasseroberfläche kreisen. Bei Störung tauchen sie ab. 5–7 mm lang, schwarz glänzend, ovale Körperform. Taumelkäfer sind leicht zu erkennen, die 13 mitteleuropäischen Arten allerdings nur schwer zu unterscheiden. **Vorkommen:** Stehende Gewässer und wenig bewegte Bereiche von Fließgewässern; gern pflanzenreiche, besonnte Gräben. **Lebensweise:** Mittel- und Hinterbeine sind kurz, stark verbreitert und abgeflacht sowie zusätzlich mit Ruderplättchen besetzt (s. Grafik), sodass sie beim Schlagen (50–60-mal pro Sekunde!) einen enormen Vortrieb und damit sehr schnelle Bewegungen im und auf dem Wasser ermöglichen. Die Augen sind in Anpassung an die Lebensweise zweigeteilt: Die obere Hälfte ermöglicht optimales Sehen über der Wasseroberfläche, die untere im Wasser. Die Nahrung besteht überwiegend aus auf die Wasseroberfläche gefallenen Insekten, die durch Erschütterungen der Wasseroberfläche geortet werden. Gutes Flugvermögen. Die Eier werden im Frühjahr perlschnurartig aneinandergereiht an Wasserpflanzen abgelegt. Die schmalen langgestreckten Larven (bis 18 mm lang, s. Grafik) wühlen im Gewässerboden nach Kleintieren und atmen durch Tracheenkiemen am Hinterleib.

Großer Kolbenwasserkäfer

Hydrophilus (Hydrous) piceus

geschützt,
stark gefährdet

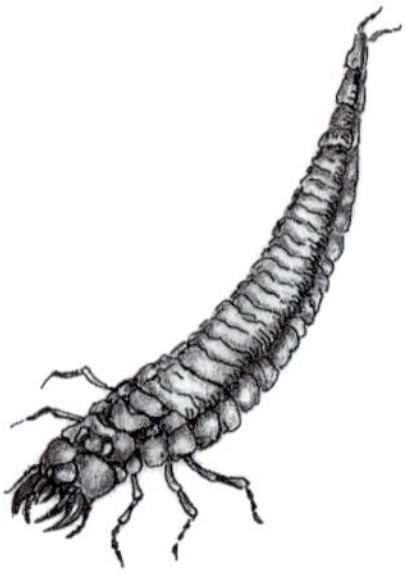

Larve

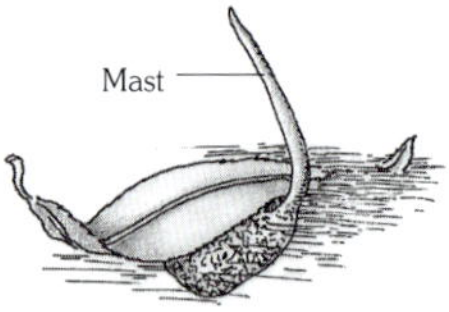

Eischiffchen

Familie Wasserkäfer, Hydrophilidae. **Merkmale:** Mit einer Körperlänge von 34–50 mm der größte im Wasser lebende Käfer Mitteleuropas; lang-oval, abgeflacht, schwarz, oft mit Grünschimmer. Nur mit der Schwesterart *Hydrophilus aterrimus* zu verwechseln, die aber nur 32–43 mm lang und noch seltener ist. **Vorkommen:** Pflanzenreiche Stillgewässer (Tümpel); heute sehr selten. **Lebensweise:** Die Käfer sind mäßig gute Schwimmer. Ihre Mittel- und Hinterbeine sind mit Schwimmhaaren besetzt und werden abwechselnd links und rechts geschlagen (»paddelnd«, Unterschied zu den Schwimmkäfern). Die Imagines der Wasserkäfer sind Pflanzenfresser und kommen zum Luftschöpfen mit dem Vorderkörper zur Wasseroberfläche. Der Hauptluftvorrat befindet sich an der Bauchseite, weswegen die Unterseite meist silbrig schimmert. Interessant ist die Brutfürsorge der Kolbenwasserkäfer: Sie spinnen einen etwa 2 cm langen Kokon mit bis 3 cm hohem »Mast« an einem Ende, der meist unter einem Blatt verborgen auf der Wasseroberfläche schwimmt (vgl. Grafik) und in den etwa 50 Eier abgelegt werden. (Der etwas häufigere, bis 18 mm lange Stachelwasserkäfer *Hydrochara caraboides* besitzt einen ähnlichen, aber kleineren Eikokon, der in ein Blattstück eingewickelt ist.) Die plumpen, runzeligen, bis 70 mm langen Larven (s. Grafik) halten sich meist im Uferbereich auf und leben räuberisch, überwiegend von Wasserschnecken. Ähnlich wie Gelbrandlarven geben sie Verdauungssäfte ab, die die Beute außerhalb des Körpers vorverdauen. Allerdings besitzen sie keine hohlen Mandibeln zum injizieren der Sekrete (nur dann wird eine Verdünnung durch das Wasser verhindert). Deshalb fressen die Larven größere Schneckengehäuse aus, indem sie hineinkriechen. Oder sie heben den Kopf mit der Beute über die Wasseroberfläche und überschütten diese dort – je nach Größe als Ganzes oder portionsweise – mit den Verdauungssäften. Diese Art des Beuteverzehrs ist typisch für viele Wasserkäferlarven.

Braunfüßiger Wasserkäfer

Hydrobius fuscipes

Familie Wasserkäfer, Hydrophilidae. **Merkmale:** 6–9 mm lang, oval, hoch aufgewölbt, schwarz; Flügeldecken mit deutlichen, nach hinten kräftiger werdenden Längsfurchen. **Vorkommen:** Stehende und langsam fließende Gewässer, auch Moore und Brackwasser; gern pflanzenreiche Tümpel; häufig. **Lebensweise:** Fliegt sehr gern. Die Weibchen spinnen im Frühjahr etwa 4 mm große Eikokons mit je 15–20 Eiern, die in der Nähe der Wasseroberfläche an Pflanzen oder Holz befestigt werden. Die Larven leben an der Wasseroberfläche zwischen Wasserpflanzen und ernähren sich von Kleinkrebsen.

Gewöhnlicher Totengräber

Necrophorus vespillo

Vergraben von Aas

festes Erdreich

ausgehobenes, lockeres Erdreich

Hohlraum

Aaskäfer, Silphidae. **Merkmale:** 12–22 mm lang. Die Endglieder der Fühlerkeule sind orangerot. Flügeldecken mit 2 orangeroten Querbinden, am vorderen Seitenrand und am Hinterrand mit hellen, abstehenden Haaren besetzt. Flügeldecken sind gerade abgestutzt und geben 3 Hinterleibssegmente frei. Der Art sehr ähnlich ist der Schwarzkörnige Totengräber (*Necrophorus vespilloides*), dessen Fühlerkeule jedoch einheitlich schwarz gefärbt ist. **Vorkommen:** Über die ganze Nordhemisphäre (Eurasien, Nordamerika) verbreitet. Können alle Landlebensräume anfliegen, in denen Kleinkadaver (Spitzmäuse, Maulwürfe, Mäuse, Vögel usw.) anfallen. **Lebensweise:** Meistens fliegen mehrere Tiere zu einem Kadaver und machen sich sofort daran, die Erde unter diesem wegzuschaffen, sodass er nach einigen Stunden in den Boden eingesackt ist. Schließlich werden die Mitkonkurrenten vom stärksten Paar verdrängt. Das Aas wurde mittlerweile zu einer Kugel geformt und liegt jetzt in einer Erdhöhle, der so genannten Krypta. Nach erfolgter Kopula wird das Männchen meistens vom Weibchen vertrieben. Die Ablage der etwa 20–24 Eier geschieht nicht direkt an das Aas, sondern in einen vorher gegrabenen Seitengang. Die Embryonalentwicklung beträgt etwa 5 Tage. Nach dem Schlüpfen der Larven werden diese wahrscheinlich sowohl durch den Aasgeruch als auch durch Zirpgeräusche der Mutter herbeigelockt. Die Junglarven fressen zunächst nicht selbstständig, sondern werden von der Mutter gefüttert (Brutpflege!), bis sie alleine fressen können. Nach etwa 7 Tagen durchbrechen die Larven die äußere Schicht des Aases und graben sich in das Erdreich ein, um sich dort zu verpuppen. Bei den meisten Arten schlüpfen die Jungkäfer noch im gleichen Jahr und überwintern.

Rothalsige Silphe

Oiceoptoma thoracica

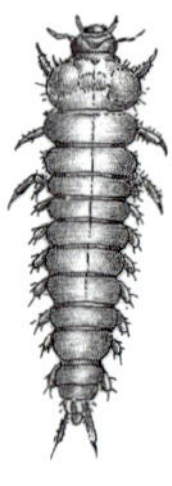

Larve

Aaskäfer, Silphidae. **Merkmale:** 12–16 mm lang; Körper flach, schwarz. Die schwarzen Flügeldecken können je nach Lichteinfall bräunlich bis bläulich schimmern (Strukturfarben!). Auffallend ist der namensgebende, rostrot gefärbte Halsschild. Die letzten 3 Glieder der relativ kurzen Fühler sind verdickt. Nicht zu verwechseln. **Vorkommen:** Nördliches Eurasien auf Aas, Kot (auch menschlichen Exkrementen), faulenden Pilzen und Pflanzen. **Lebensweise:** Die Imagines treten von April bis Ende August auf. Sowohl Larven als auch Imagines ernähren sich auf gleiche Weise. Erwähnenswert ist die Sporenverbreitung der Stinkmorchelarten (Gattung *Phallus*) durch den Käfer. Die Tiere weiden den olivgrünen Sporenschleim ab und verbreiten auf diese Weise die unverdaulichen Pilzsporen. Auch stark verweste andere Pilze werden von der Rothals-Silphe aufgesucht.

Schwarzer Moderkäfer

Ocypus olens

Kiefer

Kurzflügler, Staphylinidae. **Merkmale:** Mit 22–32 mm Länge die größte heimische Art; violett-schwarz; Flügeldecken etwa so lang wie der Halsschild. 6 Hinterleibssegmente sind frei erkennbar. **Vorkommen:** Besonders von West- und Südeuropa bis Nordafrika verbreitet; nur wenige Funde im östlichen Mitteleuropa. Bevorzugt in Wäldern, seltener auf Feldern oder Ruderalflächen. **Lebensweise:** Die Tiere sind von April bis in den September aktiv. Larven erscheinen meist im Frühjahr, manchmal jedoch auch im Oktober. Überwinterung als Larve oder Imago. Die Tiere sind vorwiegend nachtaktiv, können aber auch im hellen Sonnenschein angetroffen werden. Sie ernähren sich räuberisch von Insekten oder Kleinschnecken, die mit den bei dieser Art besonders spitzen Kiefern (vgl. Grafik) ergriffen werden. Bei Bedrohung oder Erregung werden der Hinterleib in die Höhe gestellt, der Kopf erhoben und die Mandibeln (Kiefer) gespreizt (Drohstellung!). Die räuberischen Larven verstecken sich in kurzen Erdröhren und machen von dort aus Jagd auf Beute.

Rotflügeliger Moderkäfer

Staphylinus caesareus

Kurzflügler, Staphylinidae. **Merkmale:** 20–25 mm lang; Grundfärbung schwarz; Flügeldecken rot bis rostrot. Hinterleibssegmente mit goldener Behaarung an den Seiten. Die Beine sind rotgelb, die ebenfalls rotgelben Fühlerglieder werden zur Spitze hin dunkler. Verwechslung mit anderen *Stapylinus*-Arten möglich, diese jedoch ohne gelbliche Behaarung auf dem Kopfschild. **Vorkommen:** Mittel- und Nordeuropa, nach Süd- und Osteuropa abnehmend. In offenem Gelände, aber auch in Wäldern (Wege und Lichtungen), an Tierkot, Aas und faulenden Stoffen. **Lebensweise:** Die Tiere machen an verwesenden Substanzen Jagd auf die Larven der Insekten, die von diesen Substanzen leben. Bei Gefahr geben sie aus den Wehrdrüsen des Hinterleibs ein Sekret ab.

Ufer-Kurzdeckenkäfer

Stenus sp.

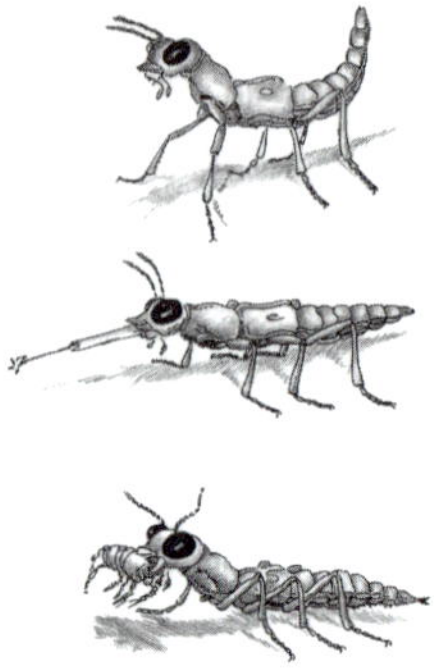

Beutefang

Kurzflügler, Staphylinidae. **Merkmale:** 2–7 mm lang; relativ große, hervorquellende Augen. Flügeldecken oft mit 2 Punktmakeln. **Vorkommen:** Auf sandigen, vegetationsfreien Uferbereichen, die oft mit einer dünnen Schlammschicht bedeckt sind. **Lebensweise:** Von März bis Oktober. Die Tiere machen in der Uferregion vor allem Jagd auf Springschwänze (Collembola). *Stenus*-Arten können mit einem schlauchförmig vorschleuderbaren (durch Blutdruckerhöhung) Fangapparat, der vorn mit beborsteten Klebepolstern versehen ist, die Beute fixieren und heranziehen (»Klebfangapparat«), um sie dann mit den Kiefern zu zerkleinern (vgl. Grafik). Nach der Nahrungsaufnahme wird der Fangapparat sorgfältig geputzt und anschließend durch den Einsatz von Muskeln zurückgezogen. In Ruhe liegt er in der Vorderbrust. Die Tiere können durch Ausnutzen der Oberflächenspannung des Wassers auf der Wasseroberfläche laufen. Bei Gefahr geben sie aus den Wehrdrüsen ein Sekret ab, das die Oberflächenspannung ähnlich einem Spülmittel aufhebt, sich rasend schnell ausbreitet und dabei die Käfer vor sich her schiebt, sodass sich die Käfer auf dem entspannten Wasser raketenähnlich fortbewegen können. Mit dieser Methode ist er sogar in der Lage, den gewandten, auf der Wasseroberfläche jagenden Wasser- und Teichläufern zu entkommen.

Wespen-Fächerkäfer

Metoecus paradoxus

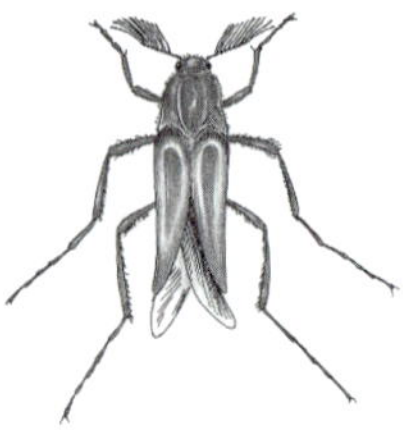

Imago, Männchen

Fächerkäfer, Rhipiphoridae. **Merkmale:** 8–12 mm lang. Flügeldecken hinten stark klaffend, am Ende stark zugespitzt. Halsschild mit tiefer Längsfurche (vgl. Grafik). Grundfärbung schwarz, mit veränderlicher gelbroter Zeichnung auf Halsschild und Flügeldecken. Bauch rotgelb. Männchen mit langen gefächerten Fühlern, die des Weibchens nur kurz gekämmt. **Vorkommen:** In Mittel- und Süddeutschland, in der Ebene und im Mittelgebirge. **Lebensweise:** Die Imagines findet man sehr sporadisch auf Blüten. Die Eiablage erfolgt in den Boden. Die Junglarve ist ähnlich einer »Dreiklauer-Larve« (vgl. Ölkäfer, S. 56) sehr beweglich und sucht wahrscheinlich aktiv die Nester von erdbewohnenden Wespenarten auf oder lässt sich von einer Wespe eintragen. Im Nest dringt sie in eine Larve ein und häutet sich in dieser zur 2. Larve mit stark reduzierten Extremitäten. Danach verlässt sie ihren Wirt und verzehrt ihn von außen her. Anschließend häutet sie sich und verpuppt sich schließlich in der Wespenzelle. In starken Wespenvölkern kann man bis zu 100 Fächerkäfer (vgl. Foto) bzw. deren Larven vorfinden.

Kleiner Leuchtkäfer, Glühwürmchen

Lamprohiza splendidula

Foto oben: Weibchen (links) und Männchen
Foto Mitte: leuchtend

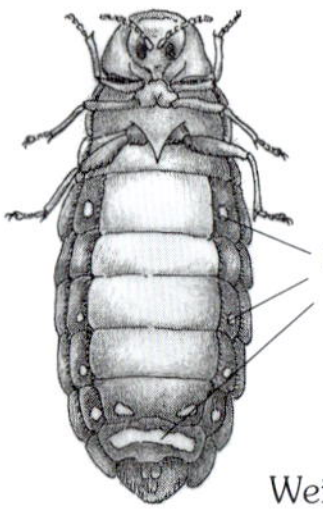

Weibchen

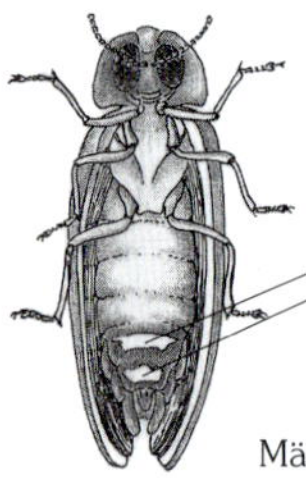

Männchen

Familie Leuchtkäfer, Lampyridae. **Merkmale:** Männchen 8–10 mm lang, dunkelbraun, 2 große Leuchtfelder unterseits im hinteren Drittel des Abdomens (vgl. Grafik); Weibchen 10 mm lang, gelblichweiß, larvenähnlich, nur mit abstehenden kurzen Flügelstummeln, Leuchtfelder unterseits entlang des gesamten Abdomenrandes (vgl. Grafik). Halsschild bei beiden Geschlechtern vorn mit 2 durchscheinenden Fensterflecken. **Vorkommen:** Waldränder, Wälder, Gärten, feuchte Wiesen; stellenweise häufig, im Norden selten. Die Käfer erscheinen im Juni/Juli, also um den Johannistag (24. Juni), daher auch der Name Johanniswürmchen. **Lebensweise:** Leuchtkäfer fallen insbesondere bei Dunkelheit auf, wenn die Männchen wie winzige Irrlichter in den ersten Nachtstunden durch die Lüfte tanzen auf der Suche nach Weibchen, die vom Boden Leuchtsignale an die Freier senden. Nur die Männchen orten die meist an Grashalmen sitzenden Weibchen, nicht umgekehrt (obwohl die Männchen ja auch leuchten). Das Leuchtmuster der Weibchen ist artspezifisch (vgl. Grafik); der Hinterleib wird so verdreht, dass er nach oben zeigt, und leuchtet nur in dieser Stellung; manche Weibchen winken regelrecht mit dem Hinterleib. Das kalte Licht wird durch den enzymatischen Abbau des Stoffes Luciferin erzeugt, der tagsüber in den Leuchtorganen angereichert wird und nachts innerhalb von etwa 3 Stunden abgebaut ist (weshalb die Leuchtintensität mit fortschreitender Zeit abnimmt). Eiablage am Boden, gern an Graswurzeln. Die wurmähnlichen Larven überwintern und häuten sich insgesamt 5-mal. Sie ernähren sich überwiegend von Schnecken, deren Schleimspuren sie folgen. Beutetiere werden durch einen Biss getötet, wobei die Leuchtkäferlarve durch einen Kanal in der Mandibel Gift injiziert. Die Imagines fressen nicht. Entwicklungsdauer 3 Jahre.

Großer Leuchtkäfer, Glühwürmchen

Lampyris noctiluca

Foto unten: Männchen und Weibchen bei der Kopulation

Familie Leuchtkäfer, Lampyridae. **Merkmale:** Männchen 10–12 mm lang, ähnlich dem Kleinen L., aber heller braun, Halsschild ohne Fensterflecken und an den Hinterecken in eine deutliche Spitze ausgezogen, nur 2 kleine, äußerst schwache Leuchtfelder. Weibchen 15–20 mm lang, ähnlich dem Kleinen L., aber ohne Flügelstummel, dunkler rotbraun gefärbt und Leuchtfelder nur am hinteren Drittel des Abdomens. Bei der dritten, sehr seltenen heimischen Art, dem Kurzflügel-Leuchtkäfer *(Phosphaenus hemipterus)*, besitzen die flugunfähigen Männchen nur Flügelstummel. **Vorkommen:** Wie Kleiner L., aber nicht so häufig (allerdings weiter nach Norden). **Lebensweise:** Ähnlich dem Kleinen L.

Gewöhnlicher Weichkäfer, Soldatenkäfer

Cantharis fusca

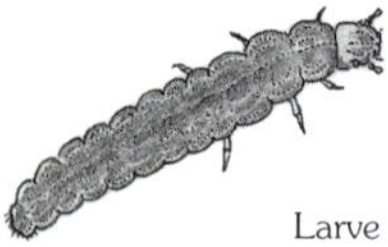

Larve

Familie Weichkäfer, Cantharidae. **Merkmale:** Weichkäfer sind wenig sklerotisiert, also »weichhäutig«, langgestreckt mit fast parallelen Flügelrändern und besitzen lange fadenförmige Fühler. Soldatenkäfer heißen die Arten der Gattung *Cantharis* (über 30 Arten in Mitteleuropa) wegen ihrer auffälligen Färbung, häufig in den Farben Rot-Schwarz. *C. fusca* wird 11–15 mm lang und hat schwarze Beine sowie einen schwarzen Fleck auf dem Halsschild. **Vorkommen:** Waldränder, Wiesen, Felder; sehr häufig. Flugzeit im Mai/Juni. **Lebensweise:** Man sieht die Käfer häufig bei Sonnenschein auf Blüten, Gras oder Büschen. Sie fressen Honigtau, Nektar und Pollen, seltener Knospen und kleine Insekten. Die schwarzen Larven werden bis 2 cm lang und sind dicht samtartig behaart (s. Grafik). Ihre Nahrung sind Regenwürmer und weichhäutige Insekten(larven). Sie überwintern und sind auch bei niedrigen Temperaturen aktiv. An warmen Tagen kann man sie auf dem Schnee krabbeln sehen, weshalb sie auch Schneewürmer genannt werden.

Rotgelber Weichkäfer

Rhagonycha fulva

Familie Weichkäfer, Cantharidae. **Merkmale:** 7–10 mm lang, rotgelb, Flügeldecken hinten dunkler, Füße und Fühler (bis auf das Basisglied) schwarz. Zahlreiche ähnliche Arten. **Vorkommen:** Wiesen, Felder und Gärten; einer unserer häufigsten Käfer. Flugzeit im Juli/August. **Lebensweise:** Ähnlich der des Soldatenkäfers. Oft sieht man im Sommer die Käfer in großer Zahl auf Doldengewächsen (oder Getreide) – eine relativ hohe Anzahl kopulierend, da die Paarung recht lange dauert.

Malachitkäfer

Malachius bipustulatus

Foto: Weibchen

Familie Zipfelkäfer, Malachiidae. **Merkmale:** Etwa 6 mm lang, metallisch grün, aber Kopfvorderteil, Halsschildvorderecken und hintere Flügelspitzen rot, 2.–4. Fühlerglied (von der Basis gezählt) auffällig (beim Männchen mit spitzem rotem Fortsatz, beim Weibchen auffällig kürzer, rundlich). Zahlreiche ähnliche Arten bei uns. **Vorkommen:** Wiesen, Wegränder; sehr häufig. **Lebensweise:** Zipfelkäfer zeichnen sich dadurch aus, dass die Männchen (teilweise ausstülpbare) Drüsenfelder (so genannte Exzitatoren) an bestimmten Körperteilen (z. B. zwischen den Fühlern oder am Ende der Flügeldecken) besitzen, die sie dem Weibchen bei der Balz darbieten. Das Weibchen beißt in diese Organe hinein oder knabbert daran und wird durch das aufgenommene Sekret paarungsbereit. Malachitkäfer sitzen im Sommer häufig auf Blüten (meist von Gräsern) und fressen Pollen. Die Larven leben räuberisch von kleinen Insekten(larven) in Holzmulm und unter Rinde. Entwicklungsdauer 2 Jahre.

Blutroter Schnellkäfer

Ampedus sanguineus

Foto oben: Imago

Foto Mitte links: Larve

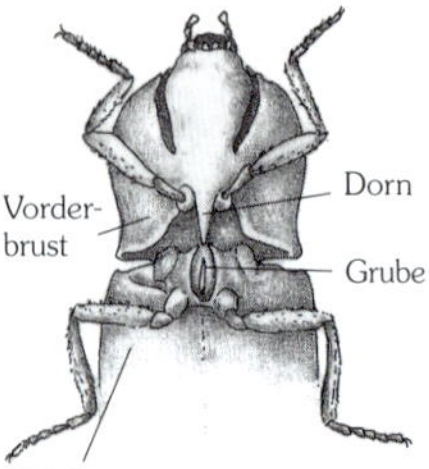

Unterseite mit Schnellmechanismus (Vorder- und Mittelbrust etwas voneinander entfernt gezeichnet)

Familie Schnellkäfer, Elateridae. **Merkmale:** Schnellkäfer haben eine langgestreckte, spindelförmige Körperform; der Kopf ist meist überwiegend unter dem Halsschild verborgen; Fühler fadenförmig oder gesägt. In Mitteleuropa gibt es etwa 150 Arten. Der Blutrote Schnellkäfer wird 13–18 mm lang und fällt vor allem durch die Färbung auf (s. Foto); Antennen und Beine schwarz, Füße heller. Etliche ähnliche Arten. **Vorkommen:** Kiefernwälder, seltener Fichten- und Laubwälder; häufig. **Lebensweise:** Charakteristisch für alle Schnellkäfer ist ihr Schnellvermögen. Entdeckt man einen in der Vegetation, lässt er sich meist fallen und stellt sich tot, indem er Beine und Fühler an den Körper presst. Nimmt man ihn auf und legt ihn z. B. in der Handfläche auf den Rücken, so schnellt er in einem großen Satz nach oben (je nach Art bis zu 30 cm), wobei er sich mehrfach dreht und bis zum 700fachen der Erdbeschleunigung erfährt. Der Schnellapparat befindet sich auf der Unterseite (vgl Grafik): Ein Zapfen greift in eine Grube im mittleren Brustbereich und erzeugt durch Verhaken mit einem Widerlager eine Spannung, die sich unter deutlich hörbarem Knacken löst. Keine guten Flieger. Die Larven der Schnellkäfer sind drehrund (vgl. Foto); Körper derbhäutig, meist gelblichbraun. Sie leben im Boden, schädigen manchmal durch Fraß Pflanzen und werden Drahtwürmer genannt. Den Blutroten S. findet man im Sommer auf Doldenblüten, an denen die Käfer fressen, oder auf Holz. Die Larven leben meist in morschen Kiefernstubben, zunächst als Mulmfresser, später räuberisch. Mehrjährige Larvalentwicklung. Die Käfer schlüpfen im August und leben 1 Jahr.

Gewöhnlicher Schnellkäfer

Athous haemorrhoidalis

Foto Mitte rechts

Familie Schnellkäfer, Elateridae. **Merkmale:** 9–15 mm lang, dunkelbraun, Flügel und Beine etwas heller, Körper hell behaart. Zahlreiche ähnliche Arten. **Vorkommen:** Wiesen, Wälder, Gärten; sehr häufig. **Lebensweise:** Käfer vom späten Frühjahr bis zum Sommer, meist auf Büschen und Bäumen. Eiablage im Boden an Wurzeln, an denen die Larven fressen; daher manchmal schädlich.

Borkenkäferfresser, Ameisenbuntkäfer

Thanasimus formicarius

Foto unten

Larve

Familie Buntkäfer, Cleridae. **Merkmale:** 7–10 mm lang, an typischer Oberseitenfärbung (vgl. Foto), schwarzen Beinen mit hellen Fußgliedern und roter Unterseite kenntlich. 2 weitere ähnliche Arten der Gattung bei uns. **Vorkommen:** In Nadelwäldern, meist an Kiefern; häufig. **Lebensweise:** Die Käfer sieht man oft an warmen Frühlingstagen auf gefällten Baumstämmen auf der Jagd nach Borkenkäfern. Die rosaroten Larven (s. Grafik) leben unter der Rinde und fressen Borkenkäferlarven und -puppen; nützlich!

Achtfleckiger Prachtkäfer

Buprestis octoguttata

geschützt

Foto Mitte links: Unterseite

Prachtkäfer, Buprestidae. **Merkmale:** 9–18 mm lang. Grundfarbe des Körpers dunkel metallischblau, Flügeldecken mit je 4 cremefarbenen Flecken, Halsschild seitlich mit cremefarbenen Rändern. **Vorkommen:** Häufiger in Norddeutschland (Verbreitungsgebiet der Kiefer), seltener in Süddeutschland. Nordeuropa bis Sibirien. **Lebensweise:** Die Larven entwickeln sich in kürzlich eingegangenen Kiefern bzw. in den Stümpfen frisch gefällter Jungkiefern, wo sie dann jedoch massenweise auftreten. Bei Gefahr legen sie sich auf den Rücken und zeigen dann die gelb-metallischblau gefärbte Unterseite (Warnfarben).

Zierlicher Prachtkäfer

Anthaxia nitidula

geschützt

Foto Mitte rechts: Weibchen

Prachtkäfer, Buprestidae. **Merkmale:** Körperlänge nur 5–7 mm. Männchen einfarbig grün, Weibchen mit purpurfarbenem Kopf und Halsschild, metallisch glänzend. **Vorkommen:** Von Mittel- bis Südeuropa verbreitet, fehlt aber in Nordeuropa. In Mitteleuropa besonders in Wärmegebieten. **Lebensweise:** Larve entwickelt sich unter der Borke von Obstbäumen (Kirsche, Pflaume). Käfer von Mai bis August auf Blüten (Heckenrose, Hahnenfuß-Arten, Doldengewächse). Durch den starken Insektizid-Einsatz und die rigorose Entfernung von Totholz ist diese Art, genauso wie andere Prachtkäferarten mit ähnlichen Lebensansprüchen, in den letzten Jahrzehnten stark im Rückgang begriffen. Nur intensive, gezielte Schutzprogramme werden diese Arten vor dem Aussterben bewahren.

Zweifleckiger Prachtkäfer

Agrilus biguttatus

Larve

Prachtkäfer, Buprestidae. **Merkmale:** 8–13 mm lange, schlanke, bronzegrüne Käfer mit 2 mehr oder weniger ausgeprägten Haarflächen im hinteren Bereich der Flügeldecken. **Vorkommen:** In Mittel- und Südeuropa; nach Norden hin abnehmend. **Lebensweise:** Die Larven (vgl. Grafik) entwickeln sich unter der Rinde verschiedener Eichenarten, manchmal auch in Stümpfen. Schädliches Auftreten nur in Beständen, die bereits vorher geschwächt waren (sekundäre Schädigungen). Die Imagines erscheinen von Mai bis Juli, meist an den Stümpfen frisch geschlagener Stämme oder an neuen Eichen-Austrieben.

Gewöhnlicher Speckkäfer
Dermestes lardarius

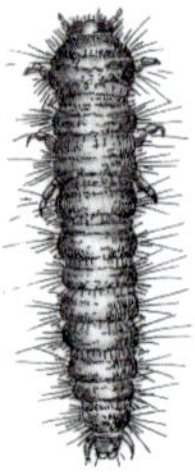

Larve

Speckkäfer, Dermestidae. **Merkmale:** 7–9 mm lang. Schwarze Grundfärbung, graubraune Querbinde mit dunklen Punkten auf der Vorderhälfte der Flügeldecken. Fühler mit knopfartiger dreigliedriger Keule. Unterseite behaart. **Vorkommen:** Sowohl im Freien als auch in Gebäuden. **Lebensweise:** Im Freiland kommen die Tiere auf ausgetrocknetem Aas (Mumien) oder auf Tierfellen vor; meistens befinden sie sich auf deren Unterseite am Boden. Sowohl Imago als auch Larve leben von diesen Substanzen. Die Larven treten während der Sommermonate auf; sie sind etwa doppelt so lang wie die Imagines und tragen braune, nach unten gerichtete Borsten. Am konisch zulaufenden Hinterende befinden sich zwei gekrümmte Dornen (vgl. Grafik). Die Larven überwintern und verpuppen sich anschließend in trockenem Holz oder Holzmehl. Das Futter wird mit Hilfe des Geruchssinnes gefunden. Larven und Imagines sind gefürchtete Vorratsschädlinge an Speck, Trockenfleisch, Häuten und Pelzwaren.

Gefleckter Pelzkäfer
Attagenus pellio

Speckkäfer, Dermestidae. **Merkmale:** 4–6 mm lang; Grundfärbung schwarzbraun, Flügeldecken mittel- bis dunkelbraun. Auf jeder Seite mit je einem hellen Haarflecken beiderseits der Naht. **Vorkommen:** In Häusern und Lagerräumen, Imagines manchmal auf Blüten. **Lebensweise:** Die Imagines sind Blütenbesucher und fressen Pollen und Nektar. Nach der Paarung fliegen die befruchteten Weibchen in menschliche Behausungen und legen ihre Eier an Pelze, Wollteppiche und andere Wolltextilien, die anschließend von den Larven gefressen werden.

Museumskäfer, Wollkrautblütenkäfer
Anthrenus verbasci

Foto unten links: Larve
Foto unten rechts: Imago

Speckkäfer, Dermestidae. **Merkmale:** 2–3 mm lang; Grundfärbung dunkelbraun; weiß und hellbraun beschuppt. Die Tiere sind rundlich, fast kugelig. Mehrere ähnliche Arten. **Vorkommen:** Imagines auf Blüten, Larven in Naturaliensammlungen (Insektenkästen, präparierten Tieren). **Lebensweise:** Die Imagines sind Blütenbesucher und ernähren sich von Nektar und Pollen. Die Eiablage erfolgt oft im Bereich von Insektensammlungen. Die winzigen Larven dringen in die Sammlungskästen ein und beginnen hier ihre zerstörerische Fraßtätigkeit (vgl. Foto unten links). Werden sie nicht gestört, so bleiben von einer Insektensammlung nur die leeren Nadeln mit den Etiketten und das Kotmehl übrig. Die Larven verfügen über büschelartige Pfeilhaare mit leicht abbrechenden Spitzen. Diese Haarbüschel können bei Störung gespreizt werden und bieten einen gewissen Schutz gegen Kleinfeinde.

Siebenpunkt, Glückskäfer

Coccinella septempunctata

Foto Mitte: Larve

Marienkäfer, Coccinellidae. **Merkmale:** 5,5–8 mm; Flügeldecken rot, mit 7 schwarzen Punkten (s. Foto); vordere Ecken des Halsschildes mit nahezu quadratischem weißen Fleck. **Vorkommen:** Wiesen, Gärten, Wegränder, Wälder; überall sehr häufig. **Lebensweise:** Viele Marienkäfer-Arten und ihre Larven sind wichtige Vertilger von Pflanzenläusen und Spinnmilben. Der Siebenpunkt überwintert unter Rinde, im Falllaub, zwischen welken Pflanzenteilen, in Schuppen oder auf Dachböden. Nach der Kopulation, Ende April/Anfang Mai legen die Weibchen innerhalb von 2–4 Monaten bis zu 800 Eier in Häufchen zu 10–20 auf Zweige oder Blätter, im Sommer meist direkt in die Nähe von Blattlauskolonien. Eientwicklung 5–8 Tage, Larvalentwicklung 1–2 Monate. Larven (vgl. Foto Mitte) können behende krabbeln und vertilgen eifrig Blattläuse (über 600 während der Larvalentwicklung). 4 Larvalhäutungen, danach Verpuppung an einem Zweig (vgl. S. 11). Ab Juli/August schlüpft die neue Generation, die auch überwintert, häufig in größeren Gesellschaften an erhöhten Orten.

Zweipunkt

Adalia bipunctata

Foto unten links

häufige Farbvariante

seltene Farbvarianten

Marienkäfer, Coccinellidae. **Merkmale:** 3,5–5,5 mm lang, breit-oval; sehr variabel gezeichnet: häufig Flügeldecken rot, mit 2 schwarzen Flecken, und Halsschild weißlich mit ausgedehnter schwarzer Zeichnung (s. Foto), oder fast ganz schwarz, lediglich ein größerer Fleck vorn außen und hinten mittig auf jedem Deckflügel rot (vgl. Grafik). Etliche ähnliche Arten. **Vorkommen:** Wie Siebenpunkt. **Lebensweise:** Ähnlich Siebenpunkt, aber oft 2 Generationen im Jahr. Überwintert gern in Gebäuden. Aus warmen Zimmern muss man die Käfer allerdings hinaustragen; Frost schadet ihnen nicht. Es wurden über 100 Farbvarianten beschrieben (vgl. Grafiken). Die roten Formen überstehen besser den Winter, im Sommer vermehren sich aber die schwarzen Varietäten schneller. Die leuchtenden Farben der Marienkäfer beruhen auf Pigmenten, die auch von Pflanzen bekannt sind, z. B. bei Karotten (Carotine) und Tomaten (Lycopin). Bei Berührung lassen sich Marienkäfer fallen oder stellen sich tot und lassen aus winzigen Poren der Gelenkhäute an den Beinen kleine Tröpfchen gelborangen Blutflüssigkeit austreten (enthält giftige Alkaloide).

Doppelbuchtiger Marienkäfer

Calvia quatuordecimguttata

Foto unten rechts

Marienkäfer, Coccinellidae. **Merkmale:** 4,5–6 mm lang, braunrot mit hellen Flecken: je 7 in charakteristischer Anordnung auf den Flügeldecken sowie 2 am hinteren Halsschildrand. Etliche ähnliche Arten. **Vorkommen:** Wiesen und Waldränder, besonders auf Erlen; häufig. **Lebensweise:** Ähnlich Siebenpunkt; frisst Blattläuse und Blattflöhe.

Vierzehnpunktiger Marienkäfer

Propylea quatuordecimpunctata

Farbvarianten

Marienkäfer, Coccinellidae. **Merkmale:** 3,5–4,5 mm lang, kurz-oval (fast rund); sehr variabel gelb und schwarz gezeichnet (vgl. Grafiken), oft schachbrettartig; hintere Augenhälfte vom Halsschild bedeckt. Ähnlich ist der Kugelige Marienkäfer *(Synharmonia conglobata)*, aber meist leicht rötlich und Augen ganz sichtbar. **Vorkommen:** Ähnlich Siebenpunkt; besonders häufig auf Wiesen. **Lebensweise:** Ähnlich Siebenpunkt; überwintert 2-mal, meist in trockenem Gras oder in der Laubstreu.

Zweiundzwanzigpunkt

Psyllobora (Thea) vigintiduopunctata

Foto oben rechts

Marienkäfer, Coccinellidae. **Merkmale:** 3–4,5 mm lang, breit-oval, gelb mit schwarzen Flecken in charakteristischer Anordnung (vgl. Foto). Mehrere ähnliche Arten. **Vorkommen:** Wald- und Wegränder, lichte Wälder (gern an Eichen), Gärten; wärmeliebend; häufig. **Lebensweise:** Imagines und Larven fressen Mehltau und Schimmelpilze. Überwinterung in der Laubstreu oder in Grasbüscheln.

Augenfleckiger Marienkäfer, Augenmarienkäfer

Anatis ocellata

Foto Mitte

Marienkäfer, Coccinellidae. **Merkmale:** Mit 8–9 mm Länge unser größter Marienkäfer. An den etwa 10 schwarzen Flecken auf jedem Deckflügel, die auffällig gelbweiß umrandet sind, leicht zu erkennen. Selten können die schwarzen Fleckenkerne fehlen. **Vorkommen:** Meist in Nadelwäldern; häufig. **Lebensweise:** Ähnlich Siebenpunkt. Frisst vor allem Blattläuse (aber auch Blattwespenlarven) auf Nadelbäumen, insbesondere auf Fichten; auch auf Pappeln und Obstbäumen. Überwintert in der Nadelstreu.

Gewöhnlicher Holzwurm

Anobium punctatum

Foto unten

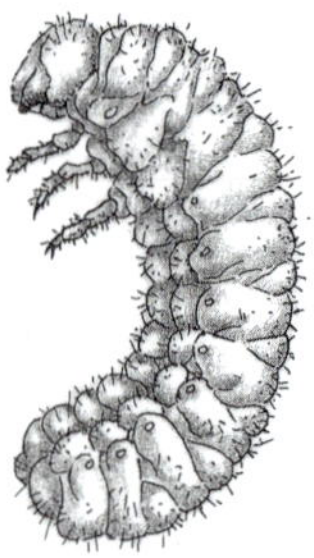

Larve

Klopfkäfer, Bohrkäfer, Anobiidae. **Merkmale:** Klopfkäfer (es gibt etwa 70 Arten in Mitteleuropa) sind klein, länglich-walzenförmig, düster braun oder schwarz. Käfer und Larven bohren im Holz, manche Arten in Fichtenzapfen, Pilzen oder auch Lebensmitteln (z. B. der Brotkäfer). Vielfach »Schädlinge«. Der Holzwurm ist bekannt durch die Bohrlöcher in alten Möbeln, aus denen die Käfer geschlüpft sind. Imagines 3–4 mm lang, hell- bis dunkelbraun, die 3 letzten (körperfernen) Fühlerglieder auffällig lang. Zahlreiche ähnliche Arten; schwer zu bestimmen. **Vorkommen:** Käfer von April bis August; stellenweise häufig, in freier Natur seltener. **Lebensweise:** Die engerlingsähnlichen, bis 5 mm langen Larven (s. Grafik) leben in Holz, insbesondere alten Möbeln, Schnitzereien, Fußböden usw. Sie können mit Hilfe symbiontischer Mikroorganismen die Holzbestandteile verwerten. Entwicklung 2–3 Jahre, Verpuppung im Holz. Bei der Eiablage werden die lebenswichtigen Symbionten auf die Eischale geschmiert, die nach dem Schlüpfen von der Larve gefressen wird.

Graugrüner Schenkelkäfer

Oedemera nobilis

Foto: Männchen

Hinterfuß Weibchen

Hinterfuß Männchen

Scheinbockkäfer, Oedemeridae. **Merkmale:** Schlanker, 9–12 mm langer Käfer mit weicher Körperdecke und langen fadenförmigen Fühlern. Erinnert – ebenso wie die anderen Vertreter der Familie – etwas an Bockkäfer (Familienname!). Halsschild im Vergleich zu den Flügeldecken schmal. Färbung metallisch bläulichgrün. Wie bei etlichen anderen Arten der Gattung *Oedemera* haben die Männchen deutlich verdickte Schenkel an den Hinterbeinen (vgl. Grafik). Charakteristisch für viele Scheinbockkäfer sind die nach hinten sehr schmal werdenden Flügeldecken, sodass diese an der Naht auseinanderspreizen und darunter die häutigen Hinterflügel sichtbar werden. Mehrere ähnliche Arten in Mitteleuropa. **Vorkommen:** Wiesen, Wald- und Wegränder, Gärten; meist auf Blüten; häufig. **Lebensweise:** Die Imagines fressen Blütenpollen. Sie fliegen gern und können so neue Nahrungsquellen aufsuchen. Die einer Bockkäferlarve (s. S. 74) ähnlichen Larven leben in trockenen Stängeln (meist in der Basis) von Kräutern (z. B. Greiskraut, Sonnenblume). Sie ernähren sich vom Innengewebe (Mark) des Stängels. Die fertig entwickelten Käfer überwintern in der Puppenwiege im Stängelinneren.

Scharlachroter Feuerkäfer, Feuerfliege

Pyrochroa coccinea

Foto: Männchen

Männchen

Weibchen

Fühler

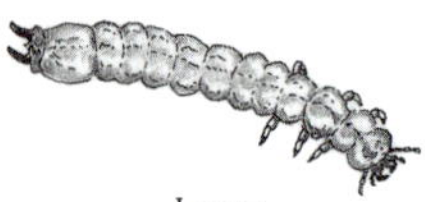

Larve

Feuerkäfer, Pyrochroidae. **Merkmale:** 14–18 mm lang, Halsschild und Flügeldecken kräftig rot, alle anderen Körperteile schwarz. Flügeldecken nach hinten zu breiter werdend. Vordere Fühlerglieder beim Männchen gekämmt, beim Weibchen gesägt (vgl. Grafiken). 2 ähnliche Arten der Familie in Mitteleuropa: *P. serraticornis* hat einen gelbroten Kopf, *Schizotus pectinicornis* ist kleiner (8–9 mm), hat einen schwarzen Fleck auf dem Halsschild und die Fühler der Männchen sind merklich länger gekämmt. **Vorkommen:** In Laub(misch)wäldern (Eiche) und an Waldrändern auf Blüten, Blättern oder gefällten Baumstämmen; gebietsweise häufig. **Lebensweise:** Die Käfer fliegen von Mai bis Juli und ernähren sich von Pollen und Nektar. Sie besitzen paarige Wehrdrüsen unterseits am Hinterleib. Eiablage in Baumstammspalten und unter die Rinde. Die langgestreckte, stark abgeplattete, hell gelbbraune Larve besitzt am Hinterende 2 charakteristische dornartige Fortsätze (s. Grafik). Sie ist an das Leben unter der Rinde von teilweise abgestorbenen Baumstämmen und Stubben angepasst, wo sie in selbst genagten oder in Gängen anderer Holzbewohner Jagd auf Insekten(larven) macht (insbesondere auf Larven von Bock- und Prachtkäfern). Nach 2–3 Jahren verpuppt sie sich im Frühjahr, und im Mai schlüpft die neue Käfergeneration.

Schwarzer Ölkäfer, Maiwurm

Meloe proscarabaeus

geschützt, gefährdet

Foto: Weibchen

Fühler Männchen

Ölkäfer, Meloidae. **Merkmale:** 11–35 mm langer (Männchen deutlich kleiner als Weibchen), schwarzblauer, plumper Käfer mit stark verkürzten, nach der Seite klaffenden Flügeldecken (flugunfähig) und angeschwollenem Hinterleib. Fühler in der Mitte mit 2 auffälligen Gliedern, die einen Knick entstehen lassen (beim Männchen stärker, vgl Grafik). Kopf und Halsschild grob punktiert (nadelstichartige Dellen). Mehrere ähnliche Arten. Der Blaue Maiwurm (*V. violaceus)* ist blau, mit feiner Punktierung auf Kopf und Halsschild. **Vorkommen:** An trockenen Hängen (Trockenrasen) und warmen Waldrändern; in tieferen Lagen verbreitet, aber nicht häufig. **Lebensweise:** Typisch für alle Ölkäfer (über 2500 Arten weltweit) ist der Giftstoffgehalt (Cantharidin) ihres Blutes, das sie bei Gefahr aus Öffnungen an den Beingelenken absondern können. Den Maiwurm kann man von April bis Juni auf schütter bewachsenen, sandigen Böden entdecken. Die Käfer ernähren sich von pflanzlichem Material. Komplizierte Entwicklung (Hypermetamorphose): Die Weibchen legen mehrere tausend Eier in Grüppchen im Boden ab. Die schlüpfende winzige »Dreiklauer-Larve« (3 klauenartige Fortsätze am letzten Fußglied) klettert auf eine Blüte und klammert sich an Insekten fest, die diese Blüte besuchen. Gelangt sie in ein Nest von solitären Bienen, frisst sie zunächst das Ei in einer Wabenzelle. Nach der nächsten Häutung lebt die nun madenähnliche Larve vom Nektar-Pollen-Gemisch der Waben. Danach wandert sie in den Boden, wo sie in ein Ruhestadium eintritt (Scheinpuppe), und verpuppt sich schließlich nach einem weiteren beweglichen Stadium (ohne Nahrungsaufnahme).

Mehlkäfer

Tenebrio molitor

Foto: Imagines, Larve (Mehlwurm) und Puppe

Schwarzkäfer, Tenebrionidae. **Merkmale:** 12–18 mm langer, schwarzer, seltener brauner Käfer mit kurzen, fadenförmigen Fühlern, parallelen Körperseiten und wie Längsfurchen aussehenden Punktreihen auf den Flügeldecken. Mehrere ähnliche Arten. **Vorkommen:** Im Mulm alter Bäume und in Nestern; als Kulturfolger in Speichern, Mühlen usw. in Getreide, Mehl und Mehlprodukten (Name!). **Lebensweise:** Die Käfer sind nacht- und dämmerungsaktiv und fliegen zum Licht. Sie können aus einer Drüse am Hinterleibsende ein stinkendes Sekret absondern. Anlocken der Weibchen durch ein Sexualpheromon. Larven sind die drehrunden, harthäutigen, gelblichbraunen, als Futter für Terrarientiere, Fische und Vögel häufig gezüchteten »Mehlwürmer«. In freier Natur fressen Käfer und Larven Holzmulm sowie pflanzliche und tierische »Abfallstoffe«. Teilweise mehrere Generationen im Jahr. Zwischenwirt von Parasiten (auch des Menschen!).

Wald-Mistkäfer

Geotrupes stercorosus

Mistkäfer, Geotrupidae. **Merkmale:** 12–19 mm lang. Der Käfer hat eine blauschwarze Färbung mit blaumetallisch glänzendem Flügeldeckensaum. Der Halsschild ist gerandet. Die Unterseite glänzt metallisch blauviolett. Der gesamte Körper ist stark gewölbt. Insgesamt 7 zum teil sehr ähnliche Arten in Mitteleuropa. **Vorkommen:** Die Art ist weit verbreitet und kommt in Waldgebieten häufig vor. In den Alpen bis in 2000 m Höhe. **Lebensweise:** Mistkäfer spielen als Beseitiger von Kot eine wichtige Rolle im natürlichen Kreislauf. An Frühlingsabenden fliegen sie mit deutlich hörbarem Brummen dicht über dem Boden auf der Suche nach Kot. Dabei fliegen sie gegen den mit Mistduft beladenen Wind (Anemotaxis). Wird der Mistduft schwächer, lassen sie sich einfach fallen und suchen die Nahrungsquelle zu Fuß auf. Nun graben die Männchen unterstützt von den Weibchen einen 30–40 cm tiefen Stollen in den Boden. Von diesem Hauptstollen werden kurze Nebenstollen gegraben in die anschließend der Kot eingebracht und eingestampft wird. Ist dieser Stollen gefüllt, so wird er mit einem Ei versehen und mit Erde oder Sand verschlossen (Brutfürsorge; vgl. Grafik). Die engerlingsartige Larve ernährt sich von diesem Vorrat, überwintert und frisst im nächsten Frühjahr den verbliebenen Rest. Im Sommer verpuppt sie sich und der Jungkäfer verlässt nach dem Schlüpfen über den Hauptstollen das Erdreich. Neben Exkrementen (besonders Menschenkot) werden auch verwesende Pilze als Nahrungsquelle aufgesucht.

Mondhornkäfer

Copris lunaris

geschützt

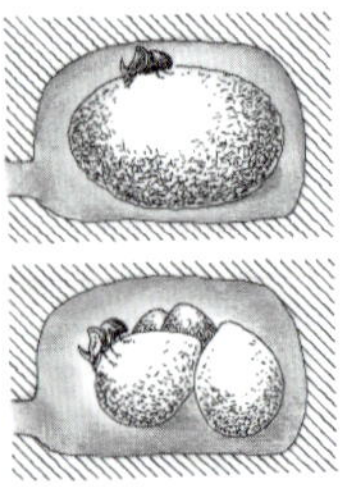

Herstellen der »Dungbirnen«

Blatthornkäfer, Scarabaeidae. **Merkmale:** 17–23 mm lang; glänzend schwarz, Flügeldecken mit 9 Längsfurchen. Kopfschild halbkreisförmig, beim Männchen mit langem Horn. Halsschild mit 2 tiefen Einbuchtungen. **Vorkommen:** Die Art hat im letzten Jahrhundert in ihrer Verbreitung stark abgenommen; man findet sie heute nur noch selten in Deutschland an warmen Stellen mit Schaf- oder Rinderweiden. **Lebensweise:** Die Tiere legen paarweise eine Bruthöhle unter einem Kuhfladen an. Aus diesem wird unterirdisch ein »Dungbrot« geformt, aus dem das Weibchen etwa 5 »Dungbirnen« formt (vgl. Grafik). Diese werden mit je 1 Ei versehen und anschließend vom Weibchen etwa 4 Monate bis zum Schlüpfen der Jungkäfer zum Schutz vor Verpilzung gepflegt (Brutpflege). Das Weibchen hungert während dieser Zeit.

Stierkäfer

Typhaeus typhoeus

geschützt

Mistkäfer, Geotrupidae. **Merkmale:** 15–22 mm lang. Die Käfer sind einheitlich glänzend schwarz. Flügeldecken mit tiefen, schwach punktierten (nadelstichartige Dellen) Längsfurchen. Halsschild des Männchens auf den Seiten mit 2 mehr oder weniger langen Hörnern und einem kurzen Horn dazwischen. Bei den Weibchen trägt das Halsschild nur 2 kleine Höcker, die durch eine Querleiste verbunden sind. **Vorkommen:** In sandigen Heidegebieten, auf Binnendünen und am Rande von Kiefernwäldern, die auf Sand wachsen. In ganz Deutschland, wo Sandgebiete auftreten, jedoch nur stellenweise und meist nicht häufig. **Lebensweise:** Die Imagines erscheinen bereits im Februar und sind bis in den Juni aktiv. Besonders häufig an Kaninchen- Kotplätzen, aber auch an Schaf-, Reh- und Hirschkot. Die Tiere graben in Kotnähe Stollen, die 1–1,5 m tief in den Boden reichen. Von diesen aus werden bis zu 15 Seitenstollen gegraben. Die Eiablage erfolgt am Ende der Brutkammern, die erst mit etwas Sand und anschließend mit Dung aufgefüllt und abschließend mit Sand verschlossen werden. Die Larven verpuppen sich meist erst im nächsten Sommer und die Jungkäfer schlüpfen im anschließenden Herbst. In milden Wintern bleiben sie dann oft aktiv.

Nashornkäfer

Oryctes nasicornis

geschützt

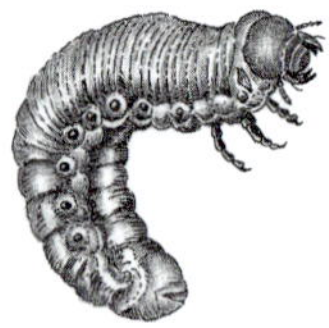

Larve

Puppe

Blatthornkäfer, Scarabaeidae. **Merkmale:** 25–43 mm lang; Oberseite glänzend kastanienbraun bis schwarzbraun. Auf der Unterseite teilweise rostrote Behaarung. Kopf des Männchens mit schwarzbraunem, nach hinten gebogenem Horn. Das Halsschild ist eingesenkt und trägt 3 höckerähnliche Auswüchse. Horn des Weibchens nur schwach ausgebildet und Halsschild nur mit minimaler Vertiefung. **Vorkommen:** Vor allem im Mittelmeerraum, in Mitteleuropa und im südlichen Skandinavien. Das Auftraten des Käfers ist eng mit dem Substrat verbunden, in dem sich die Larven entwickeln. **Lebensweise:** Ursprünglich war die Art ein Waldbewohner, sie ist jedoch zu einem Kulturfolger geworden. Waren es zunächst Haufen aus Gerberlohe sowie Misthaufen aus verrottetem Pferdemist, so sind es heute »reife« Komposthaufen oder Sägemehl- und Sägespanhaufen von Sägewerken, in denen sich die Tiere entwickeln. Die Entwicklung der Larven kann je nach Temperatur 1–5 Jahre dauern, die Larven können dabei bis 11 cm lang werden (vgl. Grafik). Die Verpuppung erfolgt in einer Höhle, deren Wand aus zusammengedrücktem Substrat besteht; die Festigkeit erhalten die Wände von einem larvalen Sekret (vgl. Grafik).

Feldmaikäfer

Melolontha melolontha

Foto oben: Männchen
Foto Mitte: Larve
Foto unten: Puppe

Blatthornkäfer, Scarabaeidae. **Merkmale:** 18–30 mm lang; Kopf, Halsschild und Schildchen meist schwarz, manchmal auch rotbraun gefärbt; vorderer Kopfrand, Fühler, Beine und Flügeldecken rotbraun gefärbt. Flügeldecken mit jeweils 4 Längsrippen. Brust auf der Unterseite hell behaart. Bauchplatten an den Seiten mit weißen Dreiecken. Fühlerfächer des Männchens mit 7 längeren und die des Weibchens mit 6 kürzeren Blättern (vgl. Grafik). Der Hinterleib endet in einem konisch zulaufenden kräftigen Griffel. Beim Waldmaikäfer *(Melolontha hippocastani)* endet der Hinterleib mit einem knopfartigen Griffel (vgl. Grafik) und der Art *Melolontha pectoralis* fehlt ein solcher Hinterleibsfortsatz ganz. **Vorkommen:** Mitteleuropa, West- bis Osteuropa, Südskandinavien und bis in den Mittelmeerraum. Häufig bis hin zum Massenauftreten. Wälder, Wiesen, Äcker und Gärten; bis auf 1000 m Höhe. **Lebensweise:** Die Imagines graben sich Ende April und im Mai aus dem Boden. Sie schwärmen an warmen Maiabenden bei Temperaturen von etwa 20 °C um ihre Fraßbäume (Eiche, Rotbuche, Hainbuche, Weißdorn, Ahorn, Kastanie, Kirsche usw.). Diese werden in so genannten »Maikäferjahren« von den Weibchen oft fast kahl gefressen. Die Männchen fressen nur wenig. Nach der Begattung fliegen die Weibchen auf Wiesen mit reichlichem Löwenzahnvorkommen, da dieser für die Larvalernährung unentbehrlich ist. Hier graben sie sich bis in 20 cm Tiefe hinab und legen mehrere Gelege von insgesamt 60–80 Eiern zusammen mit Kot ab. Aus diesem versorgen sich die schlüpfenden Larven wahrscheinlich mit Symbionten, die der Celluloseverdauung dienen. Die meisten Weibchen verenden nach der Eiablage, nur wenige erscheinen anschließend noch einmal an ihren Fraßbäumen. Etwa 4–6 Wochen nach der Ablage schlüpfen die Larven, die als Engerlinge bezeichnet werden. Die Larvalentwicklung beträgt 3–4 Jahre, je nach Temperatur. Die Larven im nördlichen Verbreitungsgebiet benötigen sogar 5 Jahre. Zur Verpuppung graben sich die Engerlinge bis zu einer Tiefe von 1,50 m in den Boden hinein. Hier formen sie eine Höhle, die so genannte »Puppenwiege«. Nun häutet sich die Larve zur Puppe (freie Puppe). Die Puppenruhe beträgt etwa 6–8 Wochen. Im Herbst schlüpft der Jungkäfer und überwintert in der Puppenwiege. Erst im kommenden Frühjahr gräbt er sich an die Bodenoberfläche.

Fühler Weibchen

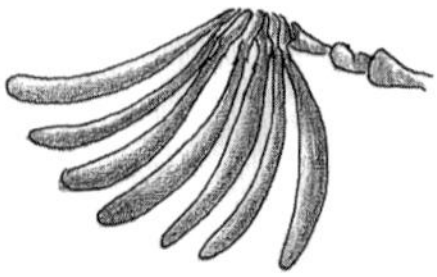

Fühler Männchen

Hinterleib

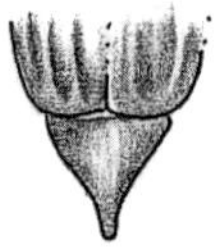

Feldmaikäfer

Hinterleib

Waldmaikäfer

Walker

Polyphylla fullo

geschützt

Fühler

Blatthornkäfer, Scarabaeidae. **Merkmale:** 24–35 mm lang. Oberseite rotbraun bis dunkelbraun, mit cremeweißen Flecken marmoriert. Brustunterseite mit langen, hellen Haaren. Fühlerfächer beim Männchen mit 7 langen Fühlerblättern (vgl. Grafik), beim Weibchen mit 5 Fühlerblättern. **Vorkommen:** Die Käfer fliegen im Juni und Juli. Ihre Verbreitungsgebiete sind warme sandige Flusstäler oder Binnendünen mit lichten Kiefernwäldern sowie die mit Kiefern bestandenen Küstendünen der Ostsee. **Lebensweise:** Die Imagines fressen bevorzugt Nadeln und Jungtriebe von Kiefern. Sie fliegen erstaunlich exakt zwischen 20 Uhr und 21 Uhr (Sommerzeit) um die Wipfel von Kiefern oder um helle Straßenbeleuchtungen in der Nähe von Kiefernwäldern. Nach der Paarung legen die Weibchen ihre Eier in den Sand. Die Engerlinge fressen an den Wurzeln von Dünengräsern und können bei Massenauftreten schädlich werden. Die Engerlinge erreichen eine Länge bis 8 cm und brauchen bis zur Verpuppung 3–4 Jahre. Eine Besonderheit der Imagines ist ihre Fähigkeit zu stridulieren (»Quietschen«). Dabei wird unter den Flügeldecken Luft zwischen den häutigen Hinterflügeln hindurchgepresst.

Junikäfer

Amphimallon solstitiale

Blatthornkäfer, Scarabaeidae. **Merkmale:** 14–18 mm lang. Die Oberseite ist gelbbraun. Halsschild, Flügelbasis und Unterseite der Brust mit heller, dichter Behaarung. Unterseite des Hinterleibes mit heller, feiner Behaarung. Flügeldecken sind durchsichtig und lassen die Hinterflügel durchscheinen. In Mitteleuropa 5 ähnliche Arten. **Vorkommen:** Die Käfer erscheinen Mitte Juni bis Ende Juli auf Wiesen und Brachfeldern in ganz Mitteleuropa. **Lebensweise:** Die Imagines werden in der Abenddämmerung aktiv und fliegen sowohl in Bodennähe als auch in 2–3 m Höhe über Wiesen, um an Laubbäumen zu landen. Hier ernähren sie sich von Blättern. Nach der Paarung erfolgt die Eiablage ähnlich wie beim Maikäfer. Die Larven fressen an den Wurzeln von Wiesen- und Rasengräsern und können bei Massenauftreten ähnlich den Engerlingen der Maikäfer schädlich werden. Die Larvalentwicklung beträgt normalerweise 2, seltener 3 Jahre. Ähnlich wie andere dämmerungsaktive Blatthornkäfer sind die als Imagines nur kurzlebigen Junikäfer eine wichtige Nahrungsquelle für Fledermäuse und Eulen. Bekämpfungen dieser Käfer mit Insektiziden führen also zwangsläufig zur Dezimierung ihrer Feinde.

Metallischer Julikäfer
Anomala dubia

Foto oben links

Blatthornkäfer, Scarabaeidae. **Merkmale:** 12–15 mm lang. Färbung der Oberseite sehr variabel: von hellbraun über grün und schwarzblau bis schwarz; Halsschild unbehaart. Verdickte Hinterschenkel. **Vorkommen:** In ganz Mitteleuropa, besonders in sandigen Gebieten. **Lebensweise:** Imagines schwärmen von Juni bis August bevorzugt gegen Abend, vor allem um Weiden, Birken und Robinien, von deren Laub sie sich ernähren. Die Larven fressen an den Wurzeln von Laubbäumen, sind jedoch nicht als Schädlinge bekannt. Larvalentwicklung 2 Jahre.

Gartenlaubkäfer
Phyllopertha horticola

Foto oben rechts

Blatthornkäfer, Scarabaeidae. **Merkmale:** 8,5–12 mm lang. Kopf und Brust sind metallisch grün bis blau gefärbt; Flügel hellbraun und durchsichtig, lassen die Hinterflügel durchscheinen; Halsschild behaart. Wird auch Kleiner Juni- oder Julikäfer genannt. **Vorkommen:** In ganz Mitteleuropa sehr häufig, in den Alpen bis über 2000 m Höhe. An sonnigen Waldrändern, auf Wiesen und in Gärten. **Lebensweise:** Von Mai bis Juli schwärmt der Käfer in der Mittagssonne und frisst an Blättern. An Obstbäumen und Rosen benagt er die Blüten, richtet aber nur wenig Schaden an. Die kleinen Engerlinge fressen an Wurzeln von Gräsern und Klee. Die Entwicklung dauert 2–3 Jahre.

Pinselkäfer
Trichius fasciatus

Foto Mitte

Blatthornkäfer, Scarabaeidae. **Merkmale:** 9–13 mm lang. Kopf, Brustoberseite, Körperunterseite und Beine pelzig braunweiß behaart. Flügeldecken mattschwarz, mit gelb gebänderter Zeichnung, sehr variabel. Zwei weitere, aber seltenere Arten. **Vorkommen:** In ganz Mitteleuropa in der Ebene und im Bergland. **Lebensweise:** Juni/Juli auf Dolden und anderen Blüten. Larven im Moderholz und im Mulm von Laubbäumen.

Rosenkäfer
Cetonia aurata

geschützt

Foto unten

fliegender Rosenkäfer

Blatthornkäfer, Scarabaeidae. **Merkmale:** 15–20 mm lang. Oberseite grünmetallisch bis bronzemetallisch glänzend, Unterseite bronzemetallisch glänzend. Mehr oder weniger ausgeprägte weiße Querlinien oder Makeln auf den Flügeldecken. Oberseite des Käfers flach. **Vorkommen:** In ganz Europa bis Skandinavien. Auf Hecken und an Waldrändern. **Lebensweise:** Imagines von April bis Oktober, besonders im Mai/Juni auf den Blüten von Laubgehölzen, meist auf Holunder, Weißdorn und Rosen. Schädigt manchmal die Wirtspflanzen durch Ausfressen der Blüten. Fliegt mit geschlossenen Flügeldecken durch Hervorstrecken der Hinterflügel aus einer Einbuchtung der Deckflügel (vgl. Grafik). Larvalentwicklung im Moderholz, in Sägemehlkompost oder in Ameisenhaufen.

Hirschkäfer

Lucanus cervus

geschützt

Kopulation

Hirschkäfer, Lucanidae. **Merkmale:** Unser größter einheimischer Käfer; das Männchen kann 35–80 mm Länge erreichen, das Weibchen 30–45 mm. Ausgeprägter Sexualdimorphismus: Beim Männchen sind die Oberkiefer (Mandibeln) geweihähnlich vergrößert, beim Weibchen sind sie kurz und zangenförmig. Die Flügeldecken und Oberkiefer der Männchen sind rotbraun, der übrige Körper und das ganze Weibchen sind dunkelbraun bis schwarzbraun gefärbt. Bei den Männchen treten auf Grund von Nahrungsmangel Kümmerformen auf, die auch als Rehkäfer bezeichnet werden. **Vorkommen:** Vorwiegend in Eichenwäldern Mittel- und Südeuropas. Die Eichenwälder müssen ein bestimmtes Alter erreicht haben und vor allem alte, morsche Bäume aufweisen. **Lebensweise:** Die Imagines erscheinen Mitte Mai bis in den Juli hinein. Sie sitzen dann an Eichen oder anderen Laubbäumen (Buchen, Kirschen), die Verletzungen mit ausfließendem Baumsaft aufwiesen; dieser wird von den Tieren aufgeleckt. Manchmal werden diese Verletzungen von den Weibchen mit den Mandibeln verursacht. In den Abendstunden schwärmen die Tiere mit deutlichem Brummen durch die Luft. Über Sexuallockstoffe werden die Männchen von den Weibchen angelockt. Finden sich mehrere Männchen ein, so wird um das Weibchen gekämpft, dabei versuchen die Männchen den Gegner mit Hilfe der Oberkiefer hochzuheben und vom Baum zu werfen (vgl. Foto). Verletzungen sind dabei eher selten. Nach der Paarung (vgl. Grafik) legt das Weibchen die Eier an alte, morsche Bäume oder vermodernde Baumstümpfe ab. Die Larven ernähren sich von morschem Holz und benötigen 5–8 Jahre bis zur Verpuppung. Die Larve kann dabei bis zu 11 cm Länge erreichen. Die Verpuppung erfolgt in einer etwa faustgroßen »Puppenwiege«. Hirschkäfer sind durch fehlende Lebensräume und übereifrige Forstwirtschaft selten geworden.

Balkenschröter

Dorcus parallelopipedus

geschützt

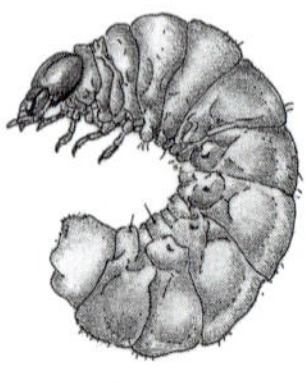

Larve

Hirschkäfer, Lucanidae. **Merkmale:** 19–32 mm lang; ganzer Körper schwarzbraun. Die Tiere erinnern an kleine Hirschkäferweibchen. Die Köpfe der Männchen sind breiter als die der Weibchen. Sie tragen kein »Geweih«. **Vorkommen:** Die Käfer erscheinen von Mai bis Juli in Laubwäldern oder in Obstgärten mit alten Baumbeständen. **Lebensweise:** Die Imagines lecken ähnlich dem Hirschkäfer an ausfließenden Baumsäften. Oft findet man die Käfer auch im morschen Holz gestürzter Stämme. Hier erfolgt auch die Eiablage und die Entwicklung der Larven (vgl. Grafik).

Rothalsbock

Corymbia rubra

Foto oben

Bockkäfer, Cerambycidae. **Merkmale:** 10–19 mm lang. Sexualdimorphismus: Die Männchen sind schlank und zierlich und haben einen schwarzen Halsschild und gelbbraune Flügeldecken. Die Weibchen sind gedrungener und haben ein rotbraunes bis ziegelrotes Halsschild und ebenso gefärbte Flügeldecken. In Mitteleuropa 15 Arten, z. T. schwer unterscheidbar. **Vorkommen:** In ganz Mitteleuropa verbreitet bis ins Mittelgebirge. In lichten Wäldern, an Waldrändern und auf Waldwiesen. **Lebensweise:** Häufig auf Doldenblüten oder auf Dost. Die Weibchen häufig auf Nadelholzstümpfen zur Eiablage. Larvalentwicklung etwa 2 Jahre.

Gefleckter Schmalbock

Leptura maculata

Foto Mitte links

Bockkäfer, Cerambycidae. **Merkmale:** 14–20 mm lang. Schlanker Käfer mit sehr variabler Schwarzfleckung auf den gelben Flügeldecken. Männchen auf der Innenseite der Hinterschienen mit 2 Zähnen. **Vorkommen:** Von Mai bis August in lichten Laubwäldern, an Waldrändern und auf Waldwiesen. **Lebensweise:** Häufig auf Doldenblüten. Die Larven entwickeln sich im feuchten Holz verschiedener abgestorbener Bäume.

Kleiner Schmalbock

Stenurella melanura

Foto Mitte rechts: Weibchen

Bockkäfer, Cerambycidae. **Merkmale:** 6–9 mm lang. Sexualdimorphismus. Grundfärbung schwarz. Flügeldecken der Weibchen außen rot, an der Flügeldeckennaht schwarz (vgl. Foto). Flügeldecken der schlankeren Männchen braun, mit dunklerer Spitze. **Vorkommen:** An sonnigen Waldrändern und auf Waldwiesen bis ins Mittelgebirge. **Lebensweise:** Die Imagines findet man von Mai bis September auf verschiedenen Blüten, besonders auf Dolden. Die Larve lebt vorwiegend im Holz morscher Laubbäume.

Widderbock

Clytus arietis

Foto unten

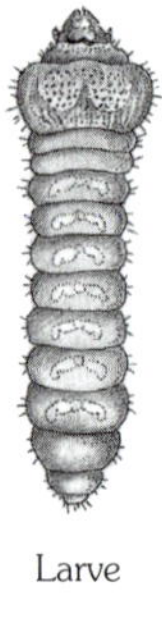

Larve

Bockkäfer, Cerambycidae. **Merkmale:** 7–14 mm lang. Grundfärbung schwarz, mit gelber Zeichnung am Halsschild und gelben Binden und Makeln auf den Flügeldecken. **Vorkommen:** Häufig an Waldrändern, auf Waldwiesen und in Obstgärten mit älteren Beständen. **Lebensweise:** Imagines von Mai bis Juli auf Blüten, besonders aber auf geschlagenem Holz, meist auf Buche. Häufig auch an getrocknetem Buchenbrennholz. Die Larven (s. Grafik) entwickeln sich vor allem im Buchentotholz, aber auch in anderen Laubbäumen.

Großer Pappelbock

Saperda carcharias

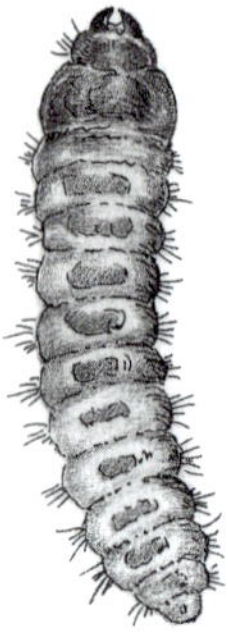

Larve

Bockkäfer, Cerambycidae. **Merkmale:** 20–30 mm lang. Die Grundfärbung ist schwarzbraun. Die gelbbraune bis graubraune Färbung wird durch eine dichte Behaarung in dieser Farbe bewirkt. Die Grundfärbung tritt dazwischen als schwarzbraune Körnung hervor. Fühlerglieder an den Enden dunkel. Insgesamt mit 7 ähnlichen Arten in Mitteleuropa vertreten. **Vorkommen:** In ganz Europa bis nach Südskandinavien. In Auwäldern der Weichholzaue und in Baumgürteln stehender Gewässer. **Lebensweise:** Die Imagines treten von Juni bis September an Pappeln, Espen und Weiden auf, wo sie Löcher in die Blätter fressen (Lochfraß). Nach der Begattung legen die Weibchen ihre Eier an jungen Bäumen der oben genannten Arten ab. Die Larven (vgl. Grafik) fressen zunächst unter der Rinde und nagen dann lange, meist senkrecht verlaufende Gänge in das Holz. Jüngere Bäume können dadurch absterben, das Holz älterer Stämme wird stark zerstört und damit als Nutzholz unbrauchbar. Nach 2 Jahren verpuppen sich die Larven in einem Fraßgang.

Zimmermannsbock

Acanthocinus aedilis

Foto: Männchen

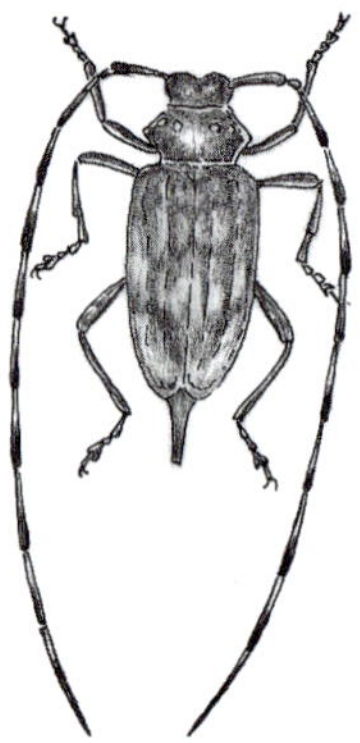

Weibchen

Bockkäfer, Cerambycidae. **Merkmale:** 12–20 mm lang. Fühler des Männchens 3–5-mal, die des Weibchens 1,5–2-mal so lang wie der Körper. Graue bis graubraune Tarnfärbung (Rindenmimese, also Nachahmung der Struktur von Rinde zur Tarnung); auf dem Halsschild mit 4 Makeln hinter dem Vorderrand. Beim Weibchen ist die Legeröhre stets ausgestreckt (vgl. Grafik). **Vorkommen:** In Nadelwäldern, besonders in Kieferwäldern, in ganz Mitteleuropa bis nach Sibirien. **Lebensweise:** Imagines von März bis Mai, in besonders günstigen Jahren erscheint im Spätsommer noch eine zweite Käfergeneration. Die Tiere sitzen auf gefällten Kiefernstämmen, -stubben und Meterholz. Zwischen den Männchen kann es zu Rivalenkämpfen kommen. Dabei versuchen sie den Gegner mit der Stirn wegzuschieben, die langen Fühler sind dabei abgespreizt. Nach der Paarung legen die Weibchen 30–40 Eier in die Rinde, die vorher mit den Kiefern durchbissen wurde. Die Larve lebt unter der Rinde und nagt hier unregelmäßige Gänge. Ist die Fraßphase abgeschlossen, legt die Larve eine ovale »Puppenwiege« an, deren Rand aus feinen Spänen gebildet wird. Die Käfer schlüpfen im Herbst, überwintern jedoch meist in der Puppenwiege.

Moschusbock

Aromia moschata

geschützt

Bockkäfer, Cerambycidae. **Merkmale:** 22–34 mm lang. Metallische Grundfärbung von grün über braun, violett, kupferrot bis schwärzlich. Fühler und Beine leuchtend stahlblau. Flügeldecken deutlich gerunzelt, mit feinen Längsstreifen. Schienen stark abgeflacht. Fühler vom 4. oder 5. Glied an mit 3 scharfen Längskanten. **Vorkommen:** In ganz Mitteleuropa. Weichholzaue der Auwälder; Weidenanpflanzungen, Weidenalleen, Kopfweidenreihen, oft bis ins Mittelgebirge. **Lebensweise:** Juni bis September auf Dolden sowie besonders auf Weiden, aber auch am ausfließenden Saft verletzter Laubbäume (Ahorn, Birke usw.). Die Imagines weisen einen oft sehr intensiven Moschusduft auf. Dieser stammt aus paarigen Drüsen auf der Unterseite der Hinterbrust. Nach der Paarung legt das Weibchen die Eier bevorzugt an Weidenarten ab. Die Larven bohren sich in das gesunde Holz und können die Bäume dadurch so stark schädigen, dass diese bei starkem Larvenbefall absterben. Die Verpuppung erfolgt nach mehrjähriger Larvalzeit in einem der letzten Fraßgänge.

Heldbock, Großer Eichenbock

Cerambyx cerdo

geschützt,
vom Aussterben bedroht

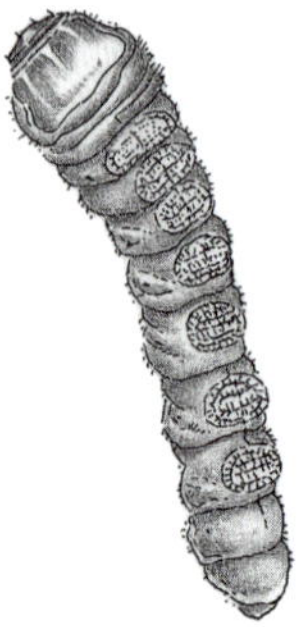

Larve

Bockkäfer, Cerambycidae. **Merkmale:** Mit 24–53 mm Länge einer der größten mitteleuropäischen Käfer. Die Tiere sind schwarzbraun, das Hinterende der Flügeldecken geht allmählich ins Rotbraune über. Die Fühler der Männchen sind etwa doppelt so lang wie der Körper, die der Weibchen etwa körperlang. Beim Heldbock sieht man besonders deutlich, warum diese Familie Bockkäfer genannt wird, erinnern die knotig verdickten Fühlergliederenden doch sehr stark an das Gehörn eines Steinbockes. **Vorkommen:** Früher weit verbreitet in ganz Europa. Heute nur noch in alten Eichenbeständen oder in Parkanlagen mit mächtigen, meist geschützten Eichen. **Lebensweise:** Mai bis Juli. Die Imagines sind dämmerungs- und nachtaktiv; sie fliegen Eichen an, die Saftfluss aufweisen. Tagsüber in ihren Holzgängen. Die Männchen führen Rivalenkämpfe um die Weibchen durch. Nach der Paarung legen die Weibchen bis zu 80 Eier in die Eichenrinde ab. Im ersten Jahr fressen die Larven im Bereich der Rinde und im Bast. Im zweiten Jahr nagen sie im Splintholz und im dritten Jahr dringen sie bis ins Kernholz vor. Hier erreichen sie eine Länge von 10 cm (vgl. Grafik). Die Entwicklung dauert bis zu 5 Jahre. Da die Larven den ganzen Holzkörper durchdringen, ist das Holz hinterher wertlos. Früher war der Heldbock ein gefürchteter Forstschädling und wurde bekämpft. Durch das Fehlen alter Eichen (»Heldbockeichen«) ist er heute in Deutschland sehr selten geworden.

Schulterbock
Oxymirus cursor

Bockkäfer, Cerambycidae. **Merkmale:** 15–30 mm lang. Geschlechtsdimorphismus. Männchen mit hervortretenden Schultern, schwarz oder roströtlich, schlank. Weibchen breiter, mit rotbraunen Längsstreifen auf den Flügeldecken, diese Färbung kann jedoch variieren. Halsschild beider Geschlechter mit Spitzhöcker an beiden Seiten. **Vorkommen:** In ganz Mitteleuropa in Fichtenwäldern der Mittelgebirge und Gebirge. **Lebensweise:** Mai bis August. Auf Blüten oder auf Fichtenstümpfen. Die Larven entwickeln sich hauptsächlich im Fichtentotholz und in Fichtenstümpfen.

Hausbock
Hylotrupes bajulus

Foto: Weibchen

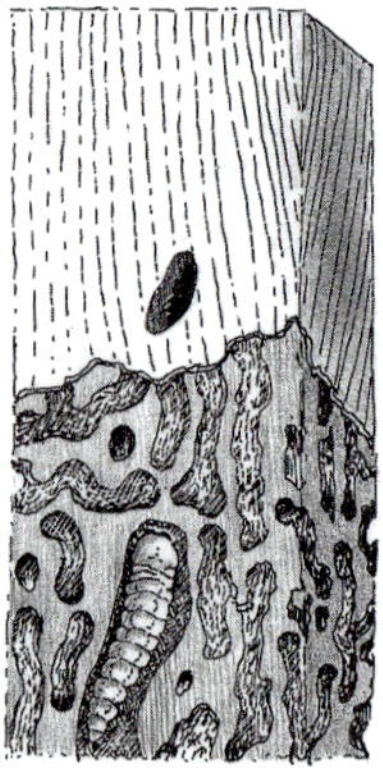

Schadbild

Bockkäfer, Cerambycidae. **Merkmale:** 7–21 mm lang; ziemlich flach gebaut; Grundfärbung schwarzbraun. Halsschild rundlich, mit glatter Mittellinie und 2 glänzenden kommaförmigen Längsschwielen, fein weißgrau behaart. Flügeldecken mit 2 weiß behaarten Querbinden. Weibchen mit Legeröhre. **Vorkommen:** Ganz Europa und Nordasien. Im Freien sehr selten. Häufig findet man ihn dagegen im Bereich menschlicher Behausungen. In verbautem, trockenen Nadelholz, im Gebälk von Dachstühlen, in Holzlagern, Telegraphenmasten usw. Er ist ein Kulturfolger! **Lebensweise:** Die Imagines findet man von Mai bis September. Nur wenn sie an Dachfenster fliegen, treten sie in Erscheinung. Nach der Paarung legt das Weibchen mit Hilfe seiner Legeröhre 100 bis 400 Eier tief in Risse und Spalten trockener Nadelhölzer. Die Larven fressen sich durch das Holz und durchziehen dieses mit ihren Fraßgängen. Diese weisen einen ovalen Querschnitt auf, da die bis zu 3 cm langen, weißlichen Larven an Rücken und Bauch abgeflacht sind. Die Gänge verlaufen bis dicht unter die Holzoberfläche, die als dünne Schicht stets erhalten bleibt, sodass man von außen die Anwesenheit der Tiere nicht bemerken kann (vgl. Grafik). Die Larvalentwicklung dauert meist 4–7 Jahre, kann aber bis zu 12 Jahre dauern. Dies ist abhängig von der Beschaffenheit des Holzes, der Luftfeuchtigkeit und dem Eiweißgehalt des Holzes. Können sich die Larven nämlich in eiweißreichem Holz entwickeln, so verpuppen sie sich schon nach 1 Jahr. Zur Verpuppung bohrt die reife Larve einen Verpuppungsgang bis dicht unter die Oberfläche, der nur noch durch ein hauchdünnes Holzfenster nach außen verschlossen ist. Dieses kann der schlüpfende Jungkäfer mühelos durchbrechen. Heutzutage werden nur noch Hölzer verbaut, die gegen Schädlinge vorbehandelt wurden.

Kartoffelkäfer, Coloradokäfer

Leptinotarsa decemlineata

Foto oben: Imago
Foto unten: Larven

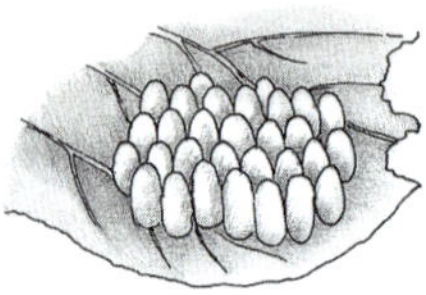

Gelege

Blattkäfer, Chrysomelidae. **Merkmale:** 9–13 mm lang. Flügeldecken gelb, jederseits mit 5 schwarzen Längsstreifen. Halsschild gelb, mit schwarzen Flecken (variabel). **Vorkommen:** Ursprünglich nur in Nordamerika (Coloradokäfer). Gelangte bereits 1876 zum ersten Mal nach Europa. 1922 gelang es ihm, sich bei Bordeaux endgültig in Europa festzusetzen. 1938 überflog er den Rhein und konnte sich in den folgenden Kriegsjahren bis zur Elbe hin ausbreiten. Heute ist er in ganz Europa und weltweit da anzutreffen, wo die Kartoffel angebaut wird. **Lebensweise:** Wenn Anfang bis Mitte Mai die Kartoffeln ihr Laub aus dem Boden schieben, verlassen die Käfer ihr Winterlager und beginnen mit dem Abfressen des jungen Grüns. Nach etwa 14 Tagen (Reifungsfraß) sind sie fortpflanzungsfähig und beginnen sich zu paaren. Der Hinterleib der Weibchen ist dabei bereits infolge der Eierstockreifung stark angeschwollen. Nach der Begattung sucht das Weibchen andere Kartoffelpflanzen auf und legt auf der Blattunterseite die leuchtend gelben Eier in Häufchen bis zu 80 Stück ab (vgl. Grafik). Ein Weibchen kann pro Vegetationsperiode nach mehrfacher Begattung bis zu 2000 Eier legen. Da die Käfer 2 Jahre leben, kann ein Weibchen bis zu 4000 Eier produzieren. Aus den Eiern schlüpfen, abhängig von der Temperatur, nach 5–20 Tagen die etwa 2 mm großen Larven. Nachdem diese ihre Eihüllen aufgefressen haben, nagen sie sich durch das Blatt hindurch und fressen auf der Blattoberseite weiter (Lochfraß). Ältere Larven fressen die Blätter dann vom Rand her bis zu den Blattrippen kahl (Randfraß). Der Hinterleib ist von der Nahrung prall gefüllt und der Rückenbereich stark gewölbt. Die Larve durchläuft 4 Larvenstadien. Meist bleiben die Larven eines Geleges als Fraßgruppe zusammen. In der Gemeinschaft fressen sie schneller als einzeln. Ungefähr 10–12 Tage nach dem Ausschlüpfen aus dem Ei ist die Larve ausgewachsen und gräbt sich etwa 15–20 cm tief in den Boden ein, um sich zu verpuppen. Die Puppenruhe dauert etwa 14 Tage. Danach schlüpfen die Jungkäfer und beginnen sofort nach Verlassen des Bodens mit dem Reifungsfraß. In Mitteleuropa stirbt die zweite Larvengeneration eines Jahres jedoch meist durch Nahrungsmangel ab. Die Jungkäfer suchen schon im August ihr Winterquartier im Erdreich auf, die Käfer des Vorjahres (Altkäfer) folgen im September.

Ameisen-Blattkäfer
Clytra quadripunctata

Ei

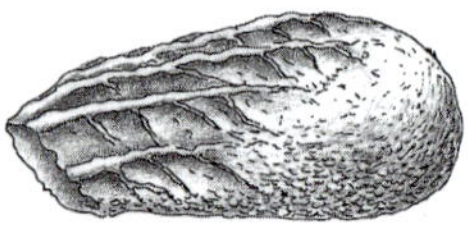

Schutzhülle

Blattkäfer, Chrysomelidae. **Merkmale:** 7–11 mm lang; Grundfarbe schwarz; Flügeldecken rot bis gelbrot, mit kleinem schwarzen Fleck an den Schulter und großem schwarzen Fleck hinter der Mitte der Flügeldecken. Weiße Behaarung an Kopf, Körperunterseite und Beinen. Verwechslung möglich mit *Clytra laeviuscula*. **Vorkommen:** Mitteleuropa an Waldrändern lichter Laubwälder, in Auwäldern und Feldgehölzen. **Lebensweise:** Die Imagines erscheinen im Mai und sind bis in den August hinein aktiv. Man findet sie an Eichen, Birken Weißdorn und Salweide, von deren Blättern sie sich ernähren. Nach der Paarung legt das Weibchen Eier, die von Kotschuppen bedeckt sind, die mit einem Sekret an der Eihülle befestigt wurden. Die getarnten Eier haben die Form eines winzigen Koniferenzapfens (etwa 1 mm groß, vgl. Grafik) und werden von den Weibchen in der Nähe eines Nestes der Roten Waldameise auf den Boden fallen gelassen. Die »Zapfen« werden nun von den Ameisen in den Bau getragen. Nach 1–2 Wochen schlüpft die Larve, bleibt jedoch mit ihrer Tarnung über den Hinterleib verbunden. Wächst die Larve, so erweitert sie ihren »Mantel« durch Hinzufügen von Kotresten und Erde (vgl. Grafik). Diese Schutzhülle gestattet es der Larve, sich im Ameisenbau zu bewegen; wird sie von Ameisen angegriffen, so zieht sie sich in ihr »Gehäuse« zurück. Die Larve ernährt sich von eiweißhaltiger Nahrung (Insektenreste, tote Ameisen, Ameiseneier usw.). Die Entwicklung dauert 2–4 Jahre. Zur Verpuppung wird das Gehäuse mit einem Deckel aus Sekret und Sand verschlossen.

Erlenblattkäfer
Agelastica alni

Blattkäfer, Chrysomelidae. **Merkmale:** 6–7 mm lang; metallisch blauschwarz, violett oder seltener grünlich. Halsschild schmäler als die Flügeldecken, diese nach hinten bauchig verbreitert. Zahlreiche ähnliche Arten. **Vorkommen:** In Erlenbeständen entlang von Fließgewässern, in ganz Mitteleuropa. **Lebensweise:** Die Imagines erscheinen Anfang Mai und sind bis in den August hinein aktiv. Nach der Paarung legt das Weibchen die Eier an Erlenblätter. Die glänzend schwarz bis grünlich schimmernden Larven leben meist in Fraßgemeinschaften. Treten die Larven in Massen auf, so kommt es auf manchen Erlen zum Skelettfraß, d. h. die Blätter werden bis auf die Blattrippen gefressen. Die erwachsenen Larven kriechen den Stamm hinab und verpuppen sich im Erdreich nahe der Erdoberfläche.

Lilienhähnchen
Lilioceris lilii

Blattkäfer, Chrysomelidae. **Merkmale:** 6–8 mm lang; Halsschild und Flügeldecken zinnoberrot und lackartig glänzend; Kopf, Fühler und Beine schwarz. Verwechslung mit *Lilioceris merdigera* möglich. Dieses Lilienhähnchen hat jedoch einen roten Kopf und rote Beine. **Vorkommen:** Mitteleuropa in lichten Laubwäldern und in Gärten. **Lebensweise:** Imagines von April bis September auf Liliengewächsen (Türkenbund, Maiglöckchen, Salomonssiegel, Madonnenlilie usw.). Nach der Paarung beginnen die Weibchen schon im April mit der Eiablage. Bis zum Herbst legen sie etwa 300, sofern sie überwintern im nächsten Frühjahr noch einmal 150 Eier. Sowohl Imagines als auch Larven fressen Laub- und Blütenblätter von Liliengewächsen. Die Larven schützen sich gegen das Sonnenlicht und gegen Feinde mit einem Kotmantel, der aus der rückenwärts verschobenen Afteröffnung abgegeben wird. Der Kotmantel wird von der wachsenden Larve ständig vergrößert. Zur Verpuppung begibt sich die Larve in die Erde, dabei wird der Kotmantel abgestreift. Die Puppe überwintert in einem aus schaumigem Sekret gebildeten Kokon. Überwinterung als Puppe oder Imago. 1–3 Generationen pro Jahr. Die Käfer zirpen bei Gefahr.

Spargelhähnchen
Crioceris asparagi

Spargelkäfer

Blattkäfer, Chrysomelidae. **Merkmale:** 5–6 mm lang; Kopf blauschwarz, Halsschild rot. Flügeldecken blauschwarz, mit gelbem Seitenrand, daneben noch paarige cremefarbene, mit dem Seitenrand verbundene Makeln an der Basis sowie vor und hinter der Mitte der Flügeldecken. **Vorkommen:** Auf Spargeläckern oder auf wilden Spargelpflanzen. **Lebensweise**. Die Imagines treten in einer ersten Generation ab Ende April und in einer zweiten Generation ab Mitte Juli am Spargel auf. Nach der Paarung legt das Weibchen die Eier einzeln an den Spargelblättern ab. Sowohl die Larven als auch die Imagines können durch ihren Fraß am Spargelkraut die Pflanze nachhaltig schwächen, da die zur Herstellung von Vorratsstoffen in den Wurzeln nötigen oberirdischen Pflanzenteile abgefressen werden. Ebenso wie die Lilienhähnchen können auch die Spargelhähnchen bei Störung Zirplaute von sich geben. Neben dieser Art tritt noch eine zweite Blattkäferart, der Spargelkäfer *Crioceris duodecimpunctata* als Spargelschädling auf. Er ist gleich groß, rostrot und hat 6 schwarze Punkte auf jeder Flügeldecke (vgl. Grafik).

Johanniskraut-Blattkäfer, Veränderlicher Blattkäfer
Chrysolina varians

Blattkäfer, Chrysomelidae. **Merkmale:** 5–6 mm lang. Oberseite veränderlich gefärbt von grün (Normalfärbung) bis blauviolett. Halsschild schmäler als die Flügeldecken. Zahlreiche ähnliche Arten. **Vorkommen:** Von Mai bis September an Waldrändern, auf extensiv genutzten Wiesen und auf Ödland. **Lebensweise:** Die Imagines finden sich häufig auf Johanniskrautarten (*Hypericum perforatum* und *H. quadrangulare*). Die Larven schlüpfen innerhalb weniger Minuten nach der Eiablage. 2–3 Generationen pro Jahr.

Gewelltstreifiger Kohlerdfloh
Phyllotreta undulata

Blattkäfer, Chrysomelidae. **Merkmale:** 2–2,3 mm lang. Die Grundfärbung ist schwarz bis schwarzblau. Die Flügeldecken mit 2 gelben Längsstreifen, die in der Mitte etwas verschmälert sind. Die Erdflöhe zeichnen sich dadurch aus, dass ihre Hinterschenkel stark verdickt sind. Dadurch sind sie in der Lage, wie Flöhe zu springen. Es gibt Arten, die bis 60 cm hoch bzw. weit springen können, das 200fache ihre Körperlänge. **Vorkommen:** Auf Äckern und in Gärten mit Kreuzblütler-Anbau, Kulturfolger. **Lebensweise:** Die Imagines schädigen Kreuzblütler (Kohlarten, Raps, Rettich, Kresse u. a.) durch Lochfraß. Sie treten im April und Mai auf, nachdem sie das Winterquartier verlassen haben. Die Eier werden vom Weibchen auf die Erde abgelegt. Die Larven kriechen in den Boden und ernähren sich von feinen Wurzeln. Nach etwa 3 Wochen verpuppen sie sich. 2 Wochen danach schlüpfen die Imagines und verkriechen sich zum Überwintern im Boden.

Grüner Schildkäfer
Cassida viridis

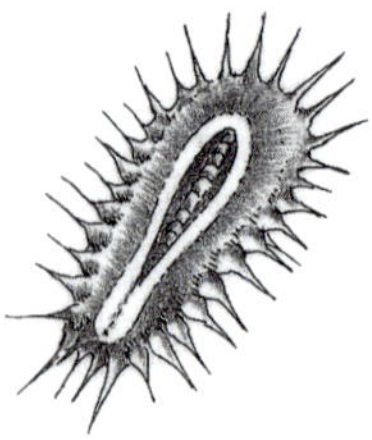

Larve

Blattkäfer, Chrysomelidae. **Merkmale:** 7–10 mm lang. Oberfläche einheitlich grün, stark abgeflacht. Halsschild verdeckt den Kopf; Seitenränder von Halsschild und Flügeldecken einheitlich hoch, wirken wie ein Schildkrötenpanzer, unter dem alle Körperteile versteckt werden können. **Vorkommen:** Auf Wiesen und Ödland. **Lebensweise:** Die Imagines leben auf Lippenblütengewächsen, in deren Blätter sie ovale Öffnungen beißen. Die Weibchen legen Eier in Häufchen von 8–15 Stück, die mit einer Schutzschicht bedeckt werden. Insgesamt werden etwa 60 Eierhäufchen gelegt. Die Larven tragen am Hinterende verästelte Dornen (vgl. Grafik), in die Kot und Larvenhüllen (Häutungsreste) eingeklebt werden (Tarnung). Verpuppung an der Unterseite von Blättern. 1–2 Generationen pro Jahr.

Buchdrucker, Achtzähniger Fichtenborkenkäfer

Ips typographus

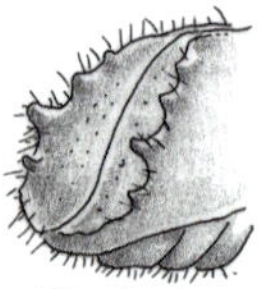

Flügelabsturz

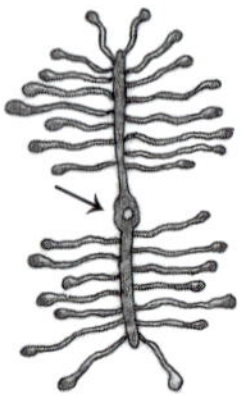

Buchdrucker

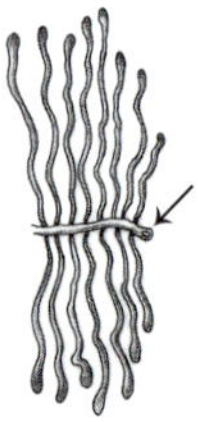

Eichensplintkäfer

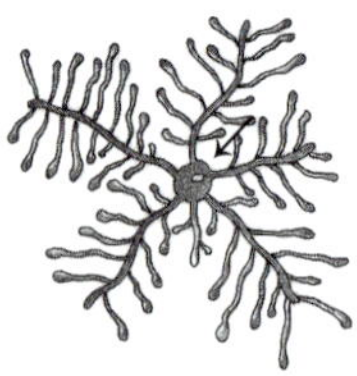

Kupferstecher

Borkenkäfer, Scolytidae (Ipidae). **Merkmale:** In Mitteleuropa gibt es über 100, kleine (meist 2–5 mm), sehr ähnliche Arten. Der Buchdrucker ist der bekannteste Vertreter der Familie: 4–5,5 mm lang, rötlichbraun, Halsschild fast schwarz, besonders am Körperrand lange helle abstehende Haare, Fühler gekeult. Frisch geschlüpfte Käfer heller (s. Foto). Der für viele Borkenkäfer charakteristische hintere Flügelabsturz trägt beim Buchdrucker beidseits 4 Zähne (vgl. Grafik). Die Mulde dient im Rückwärtsgang als »Schaufel« zum Hinausschaffen des Bohrmehls. **Vorkommen:** Nadelwälder, vor allem unter der Rinde von geschwächten oder absterbenden Fichten; sehr häufig. **Lebensweise:** Der Buchdrucker zählt zu unseren gefürchtetsten Forstschädlingen. Das Männchen nagt in die Rinde des gewählten Wirtsbaumes eine so genannte Rammelkammer. Durch Geruchsstoffe im Kot des Männchens werden die Weibchen angelockt. 1–3 legen senkrecht nach oben bzw. unten führende Muttergänge an (bei 3 Weibchen Y-förmig), in die in regelmäßigen Abständen Eier abgelegt werden. Die madenförmigen Larven fressen sich dann in etwa senkrecht vom Muttergang wegführenden Gängen, die mit dem Wachstum der Larven breiter werden, durch das Gewebe unter der Rinde. Die daraus resultierenden Fraßmuster sind für die Arten recht charakteristisch: Der Eichensplintkäfer *(Scolytus intricatus)* legt z. B. einen waagerechten Muttergang an, beim Kupferstecher *(Pityogenes chalcographus)* gehen mehrere sternförmig in alle Richtungen (vgl Grafiken, der Pfeil kennzeichnet das Einbohrloch des Mutterkäfers). Verpuppung am Ende des Larvengangs; die Käfer nagen sich nach dem Schlüpfen ein Loch ins Freie. Buchdrucker werden 2 Jahre alt und können mehrere Bruten durchführen; 1–2, selten 3 Generationen pro Jahr. Bei Massenbefall dringen die Käfer auch in gesunde Stämme ein (müssen dort aber gegen den stärkeren Harzfluss ankämpfen) und können dann erheblichen wirtschaftlichen Schaden verursachen.

Grünrüssler

Phyllobius sp.

Rüsselkäfer, Curculionidae. **Merkmale:** Typische Rüsselkäfer (vgl. S. 15) aus der Gruppe mit breit-abgeflachtem, kurzem »Rüssel«. 4–10 mm lang, schlank, mit glänzend gold- oder blaugrünen Schuppen besetzt. Deckflügel mit deutlich ausgeprägten Schulterecken (also kaum abgerundet). Zahlreiche schwer unterscheidbare Arten. **Vorkommen:** Auf Blättern (meist Laubbäume); überall sehr häufig. **Lebensweise:** Imagines fressen im Frühling und Frühsommer an Blättern (Fraß vom Rande her). Larven entwickeln sich im Boden an Pflanzenwurzeln.

Birkenblattroller

Deporaus betulae

Foto oben links: Imago
Foto oben rechts: Blatttüte

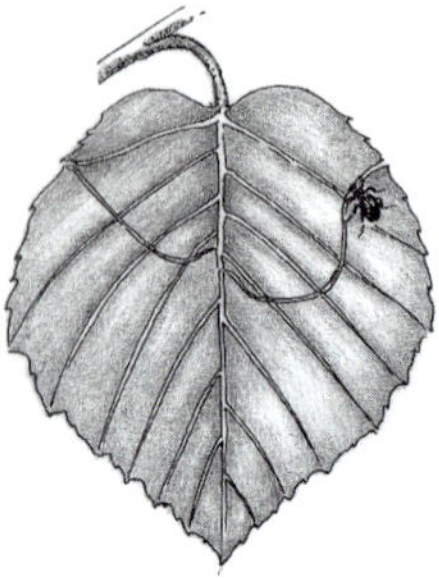

Schnittführung

Triebstecher, Rhynchitidae. **Merkmale:** Die Triebstecher, sie wurden früher zu den Rüsselkäfern gezählt, besitzen einen (meist) mittellangen Rüssel, ungekniete, gekeulte Fühler und Deckflügel mit fast rechteckigem Umriss. Der Birkenblattroller wird 3–5 mm lang und ist glänzend schwarz; Halsschild mit kurzer Mittelfurche. Zahlreiche ähnliche Arten. **Vorkommen:** Auf Birken, seltener Erlen, Buchen oder anderen Laubgehölzen; häufig. **Lebensweise:** Die Käfer erscheinen nach dem Laubaustrieb. Das Weibchen schneidet nach der Begattung ein Blatt im oberen Drittel S-förmig bis zur Blattmitte ein. Die Blattader wird nur angebissen und dann der Schnitt etwas versetzt bogenförmig bis zum anderen Blattrand weitergeführt (vgl. Grafik). Durch Zug mit den Beinen wird nun erst die eine, dann die andere Blatthälfte zur Mitte gerollt und so eine Tüte geformt. Das Weibchen nagt im Inneren einige Taschen, in die 1–6 Eier abgelegt werden. Wegen der verletzten Mittelader welkt das Blatt; die Larven ernähren sich von der Blattsubstanz. Schließlich – oft erst im Herbst – fällt die Blatttüte ab. Die ausgewachsenen Larven verpuppen sich im Boden. Jedes Weibchen kann mehrere Kinderstuben herstellen.

Haselnussbohrer, Nussrüssler

Curculio nucum

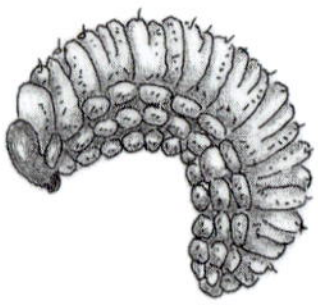

Larve

Rüsselkäfer, Curculionidae. **Merkmale:** 6–8 mm lang (ohne Rüssel), dicht beschuppt, überwiegend braun, gelbliche Schuppen bilden auf den Flügeln Flecken. Flügeldecken vorn breit, nach hinten deutlich schmäler werdend. Rüssel lang (beim Weibchen mehr als körperlang). Zahlreiche ähnliche Arten. **Vorkommen:** Im Frühjahr auf Bäumen und vor allem Haselsträuchern; regelmäßig, aber nicht häufig. **Lebensweise:** Die Käfer fressen Blätter und junge Früchte (z. B. Birnen) von Laubbäumen. Im Mai/Juni legen die Weibchen ihre Eier (meist nur 1 je Frucht) in junge Haselnüsse ab. Das mit dem Rüssel gestochene Loch wächst zu, innen lebt die Larve (s. Grafik) von der reifenden Nuss. Die ausgefressene Nuss fällt meist vorzeitig ab, die ausgewachsene Larve bohrt sich nach außen (Loch in der Nuss!) und verpuppt sich im Frühjahr im Boden. Der Käfer schlüpft im Sommer und überwintert.

Pestwurzrüssler

Liparus glabrirostris

Rüsselkäfer, Curculionidae. **Merkmale:** Nach dem seltenen *L. dirus* unser größter Rüsselkäfer (14–19 mm; vgl. Foto); am Halsschild eine gegabelte, vorn unterbrochene helle Seitenbinde. Mehrere ähnliche Arten. **Vorkommen:** Meist auf Pestwurz; Alpen und Mittelgebirge; im Süden häufiger. **Lebensweise:** Die flugunfähigen Imagines fressen im Mai/Juni an den Blättern der Pestwurz, die Larven entwickeln sich in deren Wurzelstock.

Gewöhnlicher Ohrwurm

Forficula auricularia

Foto: Weibchen bewacht Eier

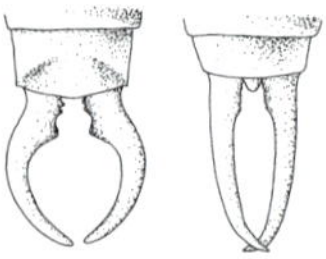

Männchen Weibchen

Merkmale: Ohrwürmer bilden eine eigene Ordnung (Dermaptera) innerhalb der Insekten. Die in Mitteleuropa verbreiteten 7 Arten könnten mit Kurzflügelkäfern verwechselt werden (vgl. S. 36). Letzteren fehlen aber stets die Zangen am Hinterleibsende. Ohrwürmer sind schlank, abgeflacht, mit kurzen Deckflügeln. Unsere Art ist rotbraun, mit gelblichen Flügeldecken und Beinen und wird 9–15 mm lang. Die Zangen der Männchen sind stärker gebogen als die der Weibchen (s. Grafik). **Vorkommen:** Gärten, Gebüsche, lichte Wälder; häufig. **Lebensweise:** Dämmerungs- und nachtaktiv; tagsüber in dunklen Verstecken. Larven und Imagines ernähren sich von Pflanzenteilen (bei Massenauftreten manchmal schädlich) und anderem organischen Material; erbeuten auch Pflanzenläuse (und daher insgesamt eher nützlich). Die Hinterflügel liegen fächerartig zusammengefaltet unter den Elytren verborgen. Unsere Art fliegt aber nur selten. Die Zangen am Hinterleibsende werden zum Ausbreiten der Hinterflügel benötigt, spielen aber auch bei der Feindabwehr und bei der Kopulation eine Rolle. Das Weibchen legt im Herbst oder im Frühjahr 20–50 Eier in einer selbst gegrabenen Erdhöhle ab. Eier und Larven werden bewacht und gepflegt. Larven ähneln Erwachsenen (unvollkommene Verwandlung).

Gewöhnliche Waldschabe

Ectobius lapponicus

Foto: Männchen

Merkmale: Die Vorderflügel der Schaben sind ledrig verhärtet und werden (anders als bei Käfern) teilweise übereinander gelegt. Auffällig sind die sehr langen Fühler und die stiftartigen Cerci am Hinterleibsende. Die Waldschabe wird 7–12 mm lang; Körperform schlank, flach. Männchen gute Flieger, mit langen, hinten schmäleren Deckflügeln; Weibchen mit kürzeren Flügeln. Mehrere ähnliche Arten. **Vorkommen:** Von Mai bis September in Gebüschen, Heiden und Wäldern; häufig. **Lebensweise:** Bodenbewohner, Männchen auch auf niedriger Vegetation; flinke Läufer; Ernährung vielfältig; Eiablage in länglichen Eipaketen mit jeweils etwa 20 Eiern. Larven ähneln (flügellosen) Erwachsenen (unvollkommene Verwandlung).

Blutzikade

Cercopis vulnerata

Merkmale: Zikaden besitzen einen Saugrüssel und dachförmig angelegte Flügel; Sprungvermögen. Die Blutzikade wird 9–11 mm lang und ist auffällig schwarz-rot gezeichnet. **Vorkommen:** Von Mai bis Juli auf Wiesen und an Waldrändern; nur im Süden Mitteleuropas häufig. **Lebensweise:** Imagines und Larven saugen an Pflanzenteilen. Die weißlichen Larven leben an Wurzeln von Kräutern und verbergen sich in einem Schaumklümpchen (Kuckucksspeichel). Unvollkommene Verwandlung.

Grüne Stinkwanze
Palomena prasina

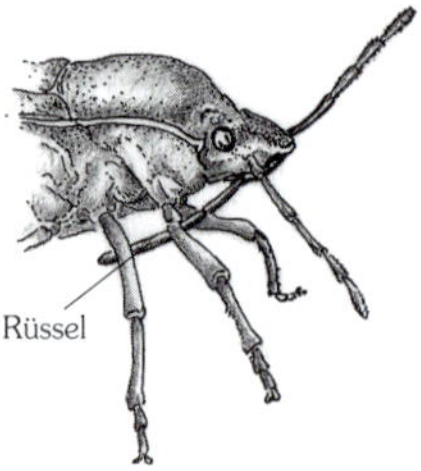

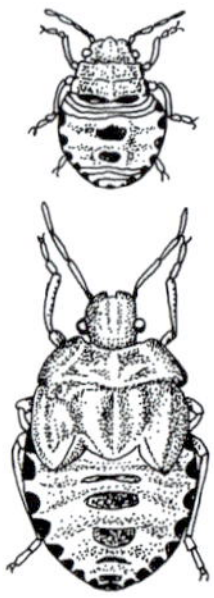
Larven

Merkmale: Beim flüchtigen Hinsehen erinnern Wanzen an manche Käfer, die Grüne Stinkwanze ähnelt z. B. dem Grünen Schildkäfer (s. S. 84). Wanzen haben jedoch niemals die typischen Elytren der Käfer. Ihre Flügeldecken liegen flach auf dem Körper und besitzen (wenn voll ausgebildet) neben dem verhärteten Teil stets am Ende einen auffälligen etwa rautenförmigen weichhäutigen Abschnitt (Membran). Außerdem haben Wanzen einen großen Stech-Saugrüssel, der in Ruhe unter den Bauch geschlagen ist, beim Betrachten von der Seite oder von unten aber gut erkannt wird (vgl. Grafik). Das Schildchen ist zudem oft auffällig groß. All diese Merkmale gelten auch für die Grüne Stinkwanze, die 11–14 mm lang wird. Sie ist im Sommer grün, wird aber im Herbst zur Überwinterung braun. Zahlreiche ähnliche Arten. **Vorkommen:** Überall an Büschen, Bäumen oder Kräutern; sehr häufig. **Lebensweise:** Imagines und Larven saugen überwiegend an Pflanzen und können an Beeren (die dann den »Wanzengeschmack« annehmen) oder unreifem Getreide Schäden verursachen. Seltener werden Kleininsekten ergriffen und ausgesaugt. Eiablage im Frühsommer auf Blätter. Die Larven (s. Grafik) ähneln flügellosen Erwachsenen (unvollkommene Verwandlung) und entwickeln sich während 2 Monaten (5 Larvenstadien) zum Vollinsekt. Die meisten Wanzen können ein unangenehm riechendes, giftiges Sekret abgeben (Stinkwanzen können es bis 20 cm weit spritzen), das der Abschreckung von Feinden dient.

Feuerwanze
Pyrrhocoris apterus

Merkmale: 9–11 mm lang, grell rot-schwarz gezeichnet (typische Färbung siehe Foto); Flügeldecken meist verkürzt. Zahlreiche ähnliche Arten. **Vorkommen:** Meist bei Bäumen, gern auf Linden, Kastanien, Robinien; oft im Siedlungsbereich; sehr häufig. **Lebensweise:** Ähnlich der Stinkwanze. Saugt gern an Früchten von Linde, Robinie oder Malven. Eiablage in selbst gegrabenen Erdhöhlen oder in der Laubstreu. Häufig Massenansammlungen am Fuß von Bäumen.

Streifenwanze
Graphosoma lineatum

Merkmale: Diese hübsche Wanze ist durch die auffällige Rot-Schwarz-Streifung unverkennbar, nur die seltenere Italienische Streifenwanze sieht ähnlich aus. Unsere Art wird 10–12 mm lang, das Schildchen bedeckt fast den gesamten Hinterleib. **Vorkommen:** Gern auf Wiesen an sonnigen Südhängen, Trockenrasen; wärmeliebende Art mit Verbreitungsschwerpunkt im Süden. **Lebensweise:** Ähnlich der Stinkwanze. Streifenwanzen sind giftig, die auffällige Zeichnung ist eine Warnfärbung.

Register

Deutsche Namen

Wissenschaftliche Namen